畜禽屠宰行业兽医卫生检验人员培训系列教材

全国家禽屠宰兽医卫生检验人员培训教材

中国动物疫病预防控制中心
（农业农村部屠宰技术中心）　编

中国农业出版社
北　京

目 录

第一章 屠宰检验检疫概论 ……………………………… 1

第一节 我国屠宰检验检疫发展概况 ……………………… 2
　　一、"企业自检、部门监督"阶段 ……………………… 2
　　二、"分类检疫、农业部门统一监管"阶段 ……………… 2
　　三、"两检并立、稳步推进"阶段 ……………………… 3
　　四、兽医卫生检验人员的法律地位与职责 ……………… 3
第二节 家禽屠宰检验检疫的内容 ……………………… 4
　　一、肉品品质检验的内容及处理 ……………………… 4
　　二、家禽屠宰检疫的内容及处理 ……………………… 4
第三节 兽医卫生检验人员岗位技能要求 ……………… 5
　　一、专业知识要求 …………………………………… 5
　　二、技能要求 ………………………………………… 6

第二章 屠宰检验检疫设施设备及卫生管理 ……………… 9

第一节 检验检疫设施设备要求 ………………………… 10
　　一、同步检验检疫设施 ……………………………… 10
　　二、照明设施及要求 ………………………………… 10
第二节 检验检疫卫生管理要求 ………………………… 11
　　一、消毒技术要求 …………………………………… 11
　　二、人员卫生要求 …………………………………… 14
　　三、无害化处理卫生要求 …………………………… 15

1

第三章　兽医卫生检验基础知识…………………………………… 17

第一节　解剖学基础知识…………………………………………… 18

　　一、体表及被皮系统………………………………………… 18

　　二、运动系统………………………………………………… 20

　　三、消化系统………………………………………………… 25

　　四、呼吸系统………………………………………………… 28

　　五、泌尿系统………………………………………………… 30

　　六、生殖系统………………………………………………… 31

　　七、淋巴系统………………………………………………… 33

　　八、心血管系统……………………………………………… 38

　　九、神经系统………………………………………………… 40

第二节　病理学基础知识…………………………………………… 42

　　一、充血和淤血……………………………………………… 42

　　二、出血……………………………………………………… 43

　　三、水肿……………………………………………………… 44

　　四、萎缩……………………………………………………… 45

　　五、变性……………………………………………………… 47

　　六、坏死……………………………………………………… 50

　　七、脓肿……………………………………………………… 51

　　八、败血症…………………………………………………… 52

　　九、肿瘤……………………………………………………… 54

第三节　病原学基础知识…………………………………………… 55

　　一、病原微生物学基础知识………………………………… 55

　　二、寄生虫学基础知识……………………………………… 60

　　三、家禽屠宰检验检疫涉及的病原………………………… 61

第四节　屠宰家禽主要疫病的检疫………………………………… 63

　　一、高致病性禽流感………………………………………… 64

　　二、新城疫…………………………………………………… 66

　　三、鸭瘟……………………………………………………… 67

　　四、马立克病………………………………………………… 69

　　五、禽痘 ·· 71

　　六、鸡球虫病 ·· 73

第五节　家禽肉品品质检验 ·· 75

　　一、放血不全 ·· 75

　　二、胴体异常 ·· 76

　　三、内脏异常 ·· 78

　　四、气味和滋味异常肉 ·· 79

　　五、注水肉 ·· 80

第六节　肉品污染与控制 ·· 81

　　一、肉品污染的概念 ·· 81

　　二、肉品污染的分类 ·· 82

　　三、肉品污染的危害 ·· 83

　　四、肉品安全指标 ·· 85

　　五、肉品污染的控制 ·· 86

第四章　家禽屠宰检查 ·· 89

第一节　宰前检查 ·· 90

　　一、宰前检查的目的及意义 ·· 90

　　二、宰前检查的方法 ·· 90

　　三、宰前检查的程序 ·· 93

第二节　宰后检查 ·· 95

　　一、鸡宰后检查 ·· 95

　　二、鸭宰后检查 ··· 109

　　三、鹅宰后检查 ··· 130

第五章　家禽家禽屠宰实验室检验 ···································· 145

第一节　实验室检验基本要求 ··· 146

　　一、实验室的功能要求 ··· 146

　　二、不同功能实验室的仪器配置 ····································· 150

　　三、主要仪器设备的管理 ··· 152

四、实验室常用试剂的质量控制及管理 …………………………………… 153

五、实验操作人员应掌握的技能及注意事项 …………………………… 154

第二节　采样方法………………………………………………………… 156

一、理化检验的采样方法 ………………………………………………… 156

二、微生物学检验样品的采集 …………………………………………… 158

第三节　肉品感官及理化检验…………………………………………… 159

一、感官检验 ……………………………………………………………… 159

二、理化检验 ……………………………………………………………… 161

第四节　微生物学检验…………………………………………………… 167

一、菌落总数的测定 ……………………………………………………… 168

二、大肠菌群的计数 ……………………………………………………… 173

三、沙门氏菌检验 ………………………………………………………… 177

第五节　兽药及有毒有害非食品原料的检测…………………………… 183

一、兽药类别及其测定方法 ……………………………………………… 183

二、酶联免疫吸附法（ELISA） ………………………………………… 185

三、胶体金免疫层析法（试纸卡法） …………………………………… 189

第六章　记录、证章、标识和标志………………………………………… 193

第一节　家禽屠宰检查记录……………………………………………… 194

一、屠宰检疫工作记录 …………………………………………………… 194

二、家禽屠宰企业建立的工作台账 ……………………………………… 198

第二节　家禽屠宰检验检疫证章、标识和标志………………………… 202

一、证章标志概述 ………………………………………………………… 202

二、家禽检疫证章标志 …………………………………………………… 202

三、家禽肉品品质检验证章标志 ………………………………………… 207

参考文献………………………………………………………………………… 209

第一章

屠宰检验检疫概论

第一节　我国屠宰检验检疫发展概况

实施屠宰检验检疫是保障畜禽屠宰产品质量安全的重要环节，且其效果与国家的总体经济发展水平和屠宰产业发展水平密切相关。新中国成立后，我国屠宰检验检疫主要经过了以下几个发展阶段。

一、"企业自检、部门监督"阶段

1955年8月8日，国务院发布了《关于统一领导屠宰场及场内卫生和兽医工作的规定》，针对屠宰场及场内卫生和兽医工作领导关系尚未统一的问题，明确屠宰厂（场）及场内卫生和兽医工作由商业部门及所属的食品公司负责，屠宰厂（场）的建筑设备、环境卫生、肉品加工、储运和销售方面的卫生要求由卫生部门监督和指导，屠宰厂（场）的兽医工作由农业部门监督和指导；出口肉类的检验与品级鉴定由屠宰厂（场）负责，但肉品检验与品质鉴定由对外贸易部商品检验局监督与检查。

为加强对肉品的安全利用，保障人身健康和防止畜禽疫病的传播，1959年11月1日，农业部、卫生部、对外贸易部、商业部联合发布了《肉品卫生检验试行规程》（试行），简称"四部规程"，进一步明确各地商业部门领导所属屠宰厂（场）按照该规程进行肉品卫生检验，卫生、农业部门对该规程的执行情况进行监督指导，对外贸易部门对出口肉品的检验进行监督检查。这一阶段，屠宰厂（场）须按照该规程的规定，负责家畜（猪、牛、羊、马、骡、驴）、家禽（鸡、鸭、鹅）以及家兔的肉尸和内脏检验，各部门按照职责分工对企业进行监督管理。

二、"分类检疫、农业部门统一监管"阶段

1985年2月14日，国务院发布《家畜家禽防疫条例》，同年8月7日，农牧渔业部发布《家畜家禽防疫条例实施细则》，提出屠宰厂（场）、肉类联合加工厂的畜禽防疫、检疫工作，由厂方负责，并出具检疫证明、加盖验讫印章，农牧部门进行监督检查。其他单位、个人屠宰家畜，必须由当地畜禽防疫机构或其委托单位实施检疫，出具畜产品检疫证明，胴体须加盖验讫印章。

1992年4月8日，农业部修订并发布新的《家畜家禽防疫条例实施细则》，继续明确屠宰厂（场）、肉类联合加工厂生产的畜禽产品由厂方实施检验检疫，厂方要有专门兽医卫生检验机构、专职工作人员、检验检疫人员和设备。这个时期，屠宰检疫实行分类管理，具备条件的屠宰厂（场）、肉类联合加工厂，由企业自检，农牧部门实施辖区内的兽医卫生监督管理，其他屠宰厂（场）则由农业部门负责检疫。

三、"两检并立、稳步推进"阶段

1997年7月3日颁布的《中华人民共和国动物防疫法》（以下简称《动物防疫法》）依然延续了之前的规定，即屠宰检疫由企业负责。而在2007年，新修订的《动物防疫法》规定，动物卫生监督机构的官方兽医实施屠宰检疫，并一直沿用至今。2022年10月30日修订通过的《中华人民共和国畜牧法》（以下简称《畜牧法》），增加了"畜禽屠宰"一章，明确对生猪以外的其他畜禽可以实行定点屠宰，具体管理办法由省、自治区、直辖市制定，并提出畜禽屠宰企业应当建立畜禽屠宰质量安全管理制度，未经检验、检疫或者检验、检疫不合格的畜禽产品不得出厂（场）销售。这一阶段，明确了畜禽屠宰企业负责肉品品质检验，屠宰检疫由动物卫生监督机构的官方兽医实施。

2013年按照《国务院机构改革和职能转变方案》的要求，农业部负责农产品质量安全监督管理。按照该方案要求，畜禽屠宰环节质量安全监管职责由农业部门承担，家禽屠宰检疫、肉品品质检验等由农业部门监管。

近年来，随着屠宰行业法律法规和监管体系的不断完善，家禽屠宰行为逐步规范，家禽屠宰产品质量安全水平不断提升，家禽屠宰行业稳步发展。

四、兽医卫生检验人员的法律地位与职责

2016年，《国务院关于取消一批职业资格认可和认定事项的决定》（国发〔2016〕68号）规定，取消肉品品质检验人员资格，将其纳入兽医卫生检验人员资格统一实施。2022年修订的《畜牧法》中明确畜禽屠宰企业应当具备的条件之一是"有经考核合格的兽医卫生检验人员"，至此，兽医卫生检验人员具备了法律地位。

第二节　家禽屠宰检验检疫的内容

家禽屠宰检验检疫包括家禽屠宰肉品品质检验和家禽屠宰检疫。肉品品质检验由屠宰企业的兽医卫生检验人员实施，屠宰检疫由动物卫生监督机构的官方兽医实施。按照《动物防疫法》，屠宰企业的执业兽医或者动物防疫技术人员，应当协助官方兽医实施检疫。

一、肉品品质检验的内容及处理

《畜牧法》规定，畜禽屠宰企业应当建立畜禽屠宰质量安全管理制度。肉品品质检验应当与屠宰操作同步进行，并如实记录检验结果。

肉品品质检验包括宰前检验和宰后检验，主要检验内容包括：家禽健康状况、动物疫病以外的疾病、病变组织的摘除与修割及处理、食品动物中禁止使用的药品及其他化合物等有毒有害非食品原料、肉品卫生状况以及国家规定的其他检验项目。

经肉品品质检验合格的，对胴体、内脏等家禽产品出具肉品品质检验合格证，准予出厂（场）。经检验不合格的家禽产品，以及在品质检验过程中修割下来的病变组织等，应在兽医卫生检验人员的监督下，按照国家有关规定处理，并如实记录处理情况。未经肉品品质检验或者经检验不合格的家禽产品，不得出厂。应及时记录检验结果和不合格家禽产品处理情况。检验记录保存期限不得少于2年。

二、家禽屠宰检疫的内容及处理

动物卫生监督机构的官方兽医按照《动物防疫法》《动物检疫管理办法》等法律法规和规章要求，严格执行家禽屠宰检疫规程，认真履行屠宰检疫职责。家禽屠宰检疫按照国家规定的检疫范围和对象实施。根据《农业农村部关于印发〈生猪产地检疫规程〉等22个动物检疫规程的通知》（农牧发〔2023〕16号）要求，家禽的屠宰检疫对象包括高致病性禽流感、新城疫、鸭瘟、马立克病、禽痘、鸡球虫病。根据检疫规程规定，家禽屠宰检疫环节主要包括检疫申报、宰前检查和同步检疫等。

检疫合格的，对家禽的胴体及原毛、绒、脏器、血液、爪、头出具动物检疫合格证明，加盖检疫验讫印章或者加施其他检疫标志。发现家禽染疫或疑似染疫的，应立即向所在地农业农村主管部门或者动物疫病预防控制机构报告，并迅速采取隔离等控制措施。官方兽医应当做好检疫申报、宰前检查、同步检疫、检疫结果处理等环节记录。检疫申报单和检疫工作记录保存期限不得少于12个月。电子记录与纸质记录具有同等效力。

第三节　兽医卫生检验人员岗位技能要求

家禽屠宰兽医卫生检验人员是指依据国家有关法律、法规、规章、标准和规程，经考核合格，对屠宰的家禽及其产品进行肉品品质检验，并协助实施检疫工作的人员。屠宰企业兽医卫生检验人员通过系统的培训，应当掌握动物检验检疫相关法律、法规、标准和规程规范；应当具备家禽解剖学、兽医病理学、兽医病原学基础知识；掌握屠宰检疫规程规定的传染病和寄生虫病的临床症状与病理变化；掌握品质不合格肉品的检验方法；掌握家禽宰前与宰后检查的岗位设置、检查内容、检查流程与检查操作技术；掌握检验检疫不合格肉的处理流程与方法。

一、专业知识要求

（一）法律法规和标准知识

我国颁布实施的与家禽屠宰检验检疫相关的法律法规有《动物防疫法》《畜牧法》《中华人民共和国食品安全法》《中华人民共和国农产品质量安全法》《中华人民共和国生物安全法》和《重大动物疫情应急条例》等，兽医卫生检验人员应了解上述法律法规中的相关内容。同时，兽医卫生检验人员要了解《动物检疫管理办法》《动物防疫条件审查办法》《病死畜禽和病害畜禽产品无害化处理管理办法》《畜禽标识和养殖档案管理办法》等规章中的相关内容。此外，还要熟悉《一、二、三类动物疫病病种名录》和《人畜共患传染病名录》中收录的有关家禽疫病和人畜共患传染病的种类，熟悉《病死及病害动物无害化处理技术规范》中的相关要求。

家禽屠宰检验检疫涉及的标准规程较多，兽医卫生检验人员应熟悉和了解

《食品安全国家标准 畜禽屠宰加工卫生规范》（GB 12694）、《畜禽肉水分限量》（GB 18394）、《畜禽屠宰操作规程 鸡》（GB/T 19478）、《畜禽屠宰操作规程 鸭》（NY/T 3741）、《畜禽屠宰操作规程 鹅》（NY/T 3742）、《禽类屠宰与分割车间设计规范》（GB 51219）、《畜禽屠宰企业消毒规范》（NY/T 3384）、《家禽产地检疫规程》和《家禽屠宰检疫规程》等标准规程的相关要求。

家禽屠宰兽医卫生检验人员应关注农业农村部等相关单位发布的动物防疫、屠宰检疫等制度文件。

（二）兽医卫生检验基础知识要求

1.熟悉家禽解剖学知识，掌握体表及被皮系统、运动系统、消化系统、呼吸系统、泌尿系统、生殖系统、心血管系统、淋巴系统和神经系统的主要解剖结构。

2.熟悉家禽屠宰检验检疫常见病理变化。包括头爪、内脏器官、胴体的病理变化。

3.熟悉兽医病原学知识。包括病原微生物学基础知识和家禽屠宰检疫对象涉及的病原等。

4.熟悉兽医传染病学、兽医寄生虫病学等基础知识，以及《家禽屠宰检疫规程》规定的检疫对象的临床症状、病理变化、诊断要点等。

5.熟悉肉品品质检验基础知识，掌握家禽常见的与肉品品质检验相关疾病的临床症状、病理变化、诊断要点及处理方法。掌握品质异常肉基础知识及处理方法。

6.熟悉肉品卫生学基础知识，掌握人兽共患病、食品动物中禁止使用的药品及其他化合物等有毒有害非食品原料的危害及防控等知识。

7.熟悉实验室检验基础知识，掌握感官检验，熟悉理化检验和微生物学检验基础知识。

二、技能要求

（一）家禽屠宰检查基本方法

1.宰前动态、静态和饮食状态等群体检查方法。
2.宰前视诊、听诊和触诊等个体检查方法。
3.宰后视检、嗅检、触检和剖检等方法。

（二）家禽宰前和宰后检查技术

1.家禽屠宰检查岗位及其检查内容。
2.家禽屠宰检查操作技术。
3.检查结果处理方法。

（三）实验室检验技术

1. 采样方法及要求。

2. 肉品感官检验方法。

3. 水分和挥发性盐基氮等常见理化指标检验方法。

4. 有毒有害非食品原料的检验方法。

5. 微生物学检验方法。

思考题：

1. 家禽屠宰兽医卫生检验人员的法定职责与地位是如何确定的？

2. 家禽屠宰肉品品质检验的主要内容是什么？不合格产品如何处理？

3. 家禽屠宰检疫如何实施？

4. 家禽屠宰检疫的对象有哪些？

第二章

屠宰检验检疫设施设备及卫生管理

第一节 检验检疫设施设备要求

一、同步检验检疫设施

家禽宰后应实施同步检验检疫。同步检验检疫是指与屠宰操作相对应，将家禽的头、爪、内脏与胴体生产线同步运行，由检验检疫人员对照检查和综合判断的一种检验方法（图2-1）。设置同步检验检疫设施的屠宰车间，将摘除的内脏与胴体同步运行、同步检验检疫。采用手工掏膛的小型车间，可以采用取出的内脏不与禽胴体分离的方式，实现胴体内脏同步检疫检验的目的。同步检验检疫中发现病害禽类胴体和病害禽类产品的，应将其从轨道上取下（图2-2），运到无害化处理间，按照《病死及病害动物无害化处理技术规范》（农医发〔2017〕25号）的规定进行无害化处理。

图2-1 家禽同步检验检疫

图2-2 病禽摘除

二、照明设施及要求

车间内应有适宜的自然光线或人工照明。照明灯具的光泽不应改变加工物本色，亮度应能满足屠宰加工和检验检疫工作需要。在暴露肉类及相关产品的上方安装的灯具，应符合食品安全卫生要求或采取防护措施，以防灯具破碎而污染物品。

家禽屠宰与分割车间宜采用分区一般照明与局部照明相结合的照明方式。屠宰与分割车间光照度标准值不宜低于表2-1的规定，照明功率密度限值应符合表2-1的要求。

表2-1　家禽屠宰与分割车间照明标准值

照明场所	照明种类及位置	光照度（lx）	照明功率密度（W/m²）	
			现行值	目标值
屠宰车间	加工线操作部位照明	200	≤9	≤7
	检验操作部位照明	500	≤19	≤17
分割车间、副产品加工间	操作台面照明	300	≤13	≤11
包装间	包装工作台面照明	200	≤9	≤7
冷却间、冻结间、暂存间	一般照明	50	≤3	≤2.5

第二节　检验检疫卫生管理要求

一、消毒技术要求

家禽屠宰企业消毒的基本要求、消毒原则、消毒管理、消毒方法及消毒质量管理应当按照《畜禽屠宰企业消毒规范》（NY/T 3384）有关要求执行。主要消毒方法如下。

（一）车辆及运载工具消毒

装运健康家禽的车辆，卸载后先清理车厢内的粪便等杂物，用水冲洗后，再用有效氯含量300～500 mg/L的含氯消毒剂等进行消毒，最后用水冲洗干净。装运病禽的车辆，卸载后先用4％氢氧化钠溶液等作用2～4 h后，再彻底清理杂物，然后用热水冲洗干净。清理后的杂物应无害化处理。

装运过染疫禽的车辆，卸载后应先用4％的甲醛溶液或含有不低于4％有效氯的消毒剂等喷洒消毒（按0.5 kg/m²消毒剂量计算），保持0.5 h后，清理杂物，再用热水冲洗干净，然后再用上述消毒溶液消毒（1 kg/m²），清理后的杂物应进行无害化处理。

装运家禽产品的车辆、笼筐及其他运载工具，卸载后应清理、清洗，使用有效氯含量300～500 mg/L的含氯消毒剂等进行消毒；装载前，应再次使用有效氯含量300～500 mg/L的含氯消毒剂进行消毒。

（二）厂区出入口消毒

运输家禽车辆的出入口应设置与门同宽，长不小于4 m，深不小于0.3 m，且能排放消毒液的车轮消毒池（图2-3）。池内消毒液建议用2％～3％的氢氧化钠溶液或有效氯含量600～700 mg/L的含氯消毒剂（二氧化氯、次氯酸钠或二氯异氰脲酸钠）、0.5％的季铵盐等，液面深度不小于0.25 m，消毒液应及时补充更换。环境温度低于0 ℃时，可向消毒液中添加固体氯化钠或10％丙二醇溶液。应配备相应的消毒设施，对进出车辆喷雾消毒（图2-4）。

图2-3　厂区门口车轮消毒

图2-4　车辆喷雾消毒

（三）生产车间消毒

1.屠宰、分割车间入口消毒　屠宰、分割车间入口应设与门同宽的鞋靴消毒池，内置有效氯含量600～700 mg/L的含氯消毒剂等消毒液。消毒液要定期排放和更换，或放置靴底消毒垫（图2-5）。

2.屠宰、分割车间内部环境消毒　先机械清扫车间地面、墙面、设备表面的污物，用不低于40 ℃的温水将车间地

图2-5　鞋靴消毒池

面、墙壁、食品接触面等洗刷干净，再分别对车间不同部位消毒，作用0.5 h以上，然后用水冲洗干净。

不同部位使用的消毒剂如下：车间的台案、工器具、设施设备，选用有效氯含量200～300 mg/L的含氯消毒剂；地面、墙裙、通道，以及经常使用或触摸的物体表面，选用有效氯含量300～500 mg/L的含氯消毒剂；放血道及附近地面和墙裙，选用有效氯含量700～1 000 mg/L的含氯消毒剂；排污沟，选用有效氯含量1 000 mg/L以上的含氯消毒剂；在非工作时间可对车间按照100～200 mg/（h·m²）的臭氧消毒。

预冷间和0～4 ℃产品储藏库的产品每周清空1次，使用有效氯含量300～500 mg/L的含氯消毒剂等进行消毒。每周应对车间进行1次全面、彻底的消毒（图2-6）。

图2-6　车间彻底清洗消毒

（四）车间、卫生间入口洗手消毒

车间入口处应配有适宜水温的洗手设施及干手和消毒设施，洗手设施应采用非手动式开关（图2-7）。消毒设施一般采用手部浸泡消毒池，池内通常置50～100 mg/L次氯酸钠溶液（图2-8）。

图2-7　洗手设施　　　　　　　　　图2-8　手部浸泡消毒池

（五）检验工具消毒

在各检验检疫操作区和宰杀放血、剖腹取内脏等操作区，应设置82 ℃刀具热水消毒池。检验工具每次使用后，应使用82 ℃以上的热水进行清洗消毒。生产加工或检验检疫过程中，所用刀、钩等工器具触及病变屠体或组织时，应立即彻底消毒后再继续使用。检验检疫人员应配备两套刀具，一套使用，另外一套放在82 ℃消毒设备中消毒，轮换使用和消毒，做到"一禽一刀一消毒"。

屠宰完毕后将所用检验检疫工器具清洗干净，煮沸消毒；也可使用0.5 %过氧乙酸溶液等浸泡消毒；或者用有效氯含量500～1 000 mg/L的含氯消毒剂充分喷洒或擦拭消毒（图2-9、图2-10）。

图2-9　刀具消毒柜　　　　　　　　　图2-10　工器具浸泡消毒

（六）待宰区消毒

家禽待宰区及卸载区使用后应及时清理，按班次对车辆通道、停车区域、卸载平台、待宰区等场所清洗后消毒。宜使用有效氯含量700～1 000 mg/L的含氯消毒剂或2％～3％氢氧化钠溶液等擦拭或喷雾消毒。

（七）隔离圈消毒

隔离圈带禽消毒时，可使用0.1％～0.3％过氧乙酸溶液、有效氯含量200～300 mg/L的含氯消毒剂或2％～3％氢氧化钠溶液等对地面、墙壁等部位喷雾消毒。

（八）急宰间、无害化处理间消毒

急宰间、无害化处理间消毒应在急宰或无害化处理作业完毕后进行，应使用有效氯含量1 500 mg/L以上的含氯消毒剂等对地面、墙壁、排污沟等部位喷雾消毒。车间内的运输工具及其他器具等应使用有效氯含量1 000 mg/L以上的含氯消毒剂等进行消毒。暂存间的消毒参考无害化处理间消毒。

（九）防护用品消毒

人员用工作服、帽清洗后使用200～300 mg/L的次氯酸钠溶液、0.5％过氧乙酸溶液等浸泡消毒。胶靴、围裙、袖套等橡胶制品，班后清洗后使用有效氯含量600～700 mg/L的含氯消毒剂等擦拭消毒。

二、人员卫生要求

（一）健康检查要求

兽医卫生检验人员须经体检合格，并取得健康证后方可上岗，每年应进行一次健康检查，必要时做临时健康检查。凡患有影响食品安全疾病的人员，应调离肉品生产与检验岗位。

（二）清洁卫生要求

兽医卫生检验人员应保持个人清洁，与生产无关的物品不应带入车间；工作时不应戴首饰、手表，不应化妆；进入车间时应洗手、消毒。

（三）着装和消毒要求

兽医卫生检验人员上岗前应穿戴好工作服、工作帽、手套、口罩、胶靴等，必要时戴防护镜。不得穿着工作服离开工作场所（如去餐厅、办公室和卫生间等），工作服和日常服装应分开存放。下班后应将换下的工作服统一收集、统一清洗消毒，烘干后再穿。

三、无害化处理卫生要求

（一）无害化处理的定义和方法

无害化处理是指用物理、化学等方法处理病死及病害动物和相关动物产品，消灭其所携带的病原体，消除危害的过程。根据《病死及病害动物无害化处理技术规范》，无害化处理的方法主要有焚烧法、化制法、高温法、深埋法和硫酸分解法。

1.焚烧法　焚烧法是指在焚烧容器内，使病死及病害动物和相关动物产品在富氧或无氧条件下进行氧化反应或热解反应的方法。

2.化制法　化制法是指在密闭的高压容器内，通过向容器夹层或容器内通入高温饱和蒸汽，在干热、压力或蒸汽、压力的作用下，处理病死及病害动物和相关动物产品的方法。化制法不得用于患有炭疽等芽孢杆菌类疫病，以及海绵状脑病、痒病的染疫动物及产品、组织的处理。

3.高温法　高温法是指常压状态下，在封闭系统内利用高温处理病死及病害动物和相关动物产品的方法。

4.深埋法　深埋法是指按照相关规定，将病死及病害动物和相关动物产品投入深埋坑中并覆盖、消毒，处理病死及病害动物和相关动物产品的方法。深埋法不得用于患有炭疽等芽孢杆菌类疫病，以及海绵状脑病、痒病的染疫动物及产品、组织的处理。

5.硫酸分解法　硫酸分解法是指在密闭的容器内，将病死及病害动物和相关动物产品用硫酸在一定条件下进行分解的方法。

（二）无害化处理暂存设施要求

屠宰厂（场）委托病死畜类无害化处理场进行处理的，需要在厂（场）区内设置病死畜类和病害畜产品集中暂存点，暂存点应有独立封闭的储存区域，并且防渗、防漏、防鼠、防盗，易于清洗消毒；有冷藏冷冻、清洗消毒等设施设备；设置显著警示标识；有符合动物防疫需要的其他设施设备。同时，定期对暂存场所及周边环境进行清洗消毒。此外，还需要设置病死畜类和病害畜产品专用输出通道，及时通知病死畜类无害化处理场进行收集，或自行送至指定地点。

（三）无害化处理操作人员防护要求

病死及病害动物和相关动物产品的收集、暂存、转运、无害化处理操作的工作人员应经过专门培训，掌握相应的动物防疫知识。工作人员在操作过程中应穿戴防护服、口罩、护目镜、胶鞋及手套等防护用具。工作人员应使用专用的收集工具、包装用品、转运工具、清洗工具、消毒器材等。工作完毕后，应对一次性防护用品进行销毁处理，对循环使用的防护用品进行消毒处理。

 思考题：

1.什么是同步检验检疫？

2.兽医卫生检验人员的卫生要求有哪些？

3.家禽运输车辆出入厂（场）消毒的要求有哪些？

4.屠宰、分割车间以及圈舍的消毒要点有哪些？

5.屠宰工器具消毒要点有哪些？

第三章

兽医卫生检验基础知识

第一节　解剖学基础知识

禽的系统解剖学按器官功能分为体表及被皮系统、运动系统、消化系统、呼吸系统、泌尿系统、生殖系统、心血管系统、淋巴系统、神经系统和内分泌系统。本节介绍鸡、鸭、鹅与屠宰检验检疫相关的解剖学基础知识，不涉及内分泌系统。

一、体表及被皮系统

鸡、鸭、鹅的体表及被皮系统主要由头部器官和皮肤及其衍生组织器官组成。头部器官有耳、鼻、眼等。鸡的皮肤及其衍生物有羽毛、尾脂腺、冠、肉髯、耳叶、喙、脚鳞和爪等，鸭、鹅的皮肤及其衍生物有羽毛、尾脂腺、喙、脚鳞、脚蹼和爪等。羽毛是禽类表皮特有的皮肤衍生物，根据体表覆盖部位分区命名（如颈背侧羽区），羽毛可分为主羽、覆羽和绒羽等。

（一）头部器官

头部器官包括耳、鼻、眼、喙（图3-1至图3-3）。

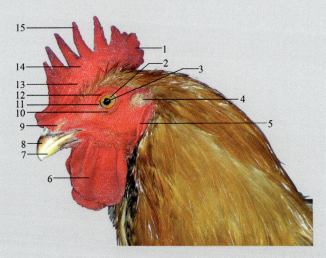

图3-1　鸡头部结构

1.冠叶　2.眼角膜与虹膜　3.瞳孔　4.耳及耳羽　5.耳叶　6.肉垂（肉髯）　7.下喙　8.上喙　9.鼻孔
10.下眼睑　11.瞬膜（第三睑）　12.上眼睑　13.冠基　14.冠体　15.冠尖（岬）
（熊本海，恩和，等，2014.《家禽实体解剖学图谱》.中国农业出版社）

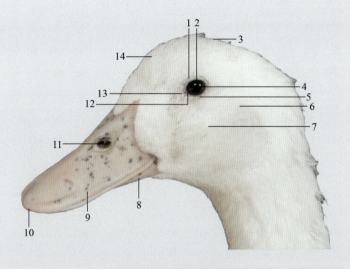

图3-2　鸭头部结构

1.上眼睑　2.眼角膜与虹膜　3.冠羽区　4.瞳孔　5.下眼睑　6.耳羽区　7.颊羽区　8.下颌（下喙）
9.嘴（上喙）　10.嘴豆　11.鼻孔　12.瞬膜（第三睑）　13.眼角　14.额羽区
（熊本海，恩和，等，2014.《家禽实体解剖学图谱》. 中国农业出版社）

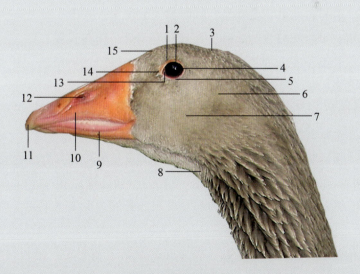

图3-3　鹅头部结构

1.上眼睑　2.眼角膜与虹膜　3.冠羽区　4.瞳孔　5.下眼睑　6.耳羽区　7.颊羽区　8.咽喉部
9.下颌（下喙）　10.嘴（上喙）　11.嘴豆　12.鼻孔　13.瞬膜（第三睑）　14.眼角　15.额羽区
（熊本海，恩和，等，2014.《家禽实体解剖学图谱》. 中国农业出版社）

（二）皮肤及衍生物

皮肤覆盖于体表，与外界接触，为天然屏障，在天然孔（口裂、鼻孔、肛门和尿生殖道外口等）处与黏膜相接。皮肤形成羽毛、喙、爪、皮脂腺、肉髯等衍生物（图3-4）。

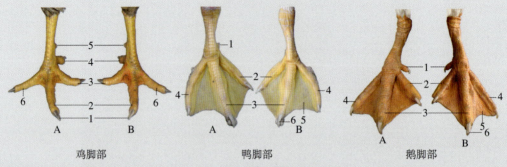

鸡脚部   鸭脚部   鹅脚部

图3-4 鸡、鸭、鹅脚部结构

A.右脚　B.左脚   A.右脚　B.左脚   A.右脚　B.左脚
1.爪　2.第3趾　3.第2趾 1.第1趾　2.第2趾　3.第3趾 1.第1趾　2.第2趾　3.第3趾
4.第1趾　5.距　6.第4趾 4.第4趾　5.脚蹼　6.爪 4.第4趾　5.脚蹼　6.爪

（熊本海，恩和，等，2014.《家禽实体解剖学图谱》. 中国农业出版社）

二、运动系统

鸡、鸭、鹅的运动系统由骨骼、肌肉和关节构成。其中，肌肉产生动力，骨骼发挥杠杆作用。全身骨骼分为头骨、颈骨、躯干骨、前肢（翼）骨、后肢骨。鸡的全身肌肉根据骨骼位置分为头部肌、颈部肌、体中轴肌、胸壁肌、腹壁肌、肩带和前肢（翼游离部）肌、骨盆肢（腿部）肌。

（一）骨骼

禽骨强度大而重量轻。

1.头骨　颅部和面部以大而深的眼眶为界。禽类颅骨在发育过程中愈合成一整体，围成颅腔。面骨主要形成喙。上喙由颌前骨（切齿骨）、鼻骨和上颌骨构成。禽面骨中有一方骨，它与颞骨间形成活动关节，方骨的关节突与下颌骨形成方骨下颌关节（图3-5至图3-7）。

2.颈骨和躯干骨　禽的颈椎数目较多（鸡14节，鸭15节，鹅17节），关节突发达。胸椎数目较少（鸡7节，鸭、鹅9节），鸡的第2～5胸椎愈合，第7胸椎与腰荐骨愈合，鸭和鹅仅后2～3个胸椎与腰荐骨愈合。腰椎、荐椎以及一部分尾椎愈合成一整块，称综荐骨，共有11～14节。因此，禽类脊柱的胸部和腰荐部活动性较小，只见于胸腰之间。

肋的对数与胸椎一致。椎肋骨除第1个和后2～3个外，均具有钩突，向后附着于后一肋的外面，对胸廓有加固作用。

胸骨发达，腹侧面沿中线有一胸骨嵴，又称龙骨，鸡的特别发达（图3-8至图3-10）。

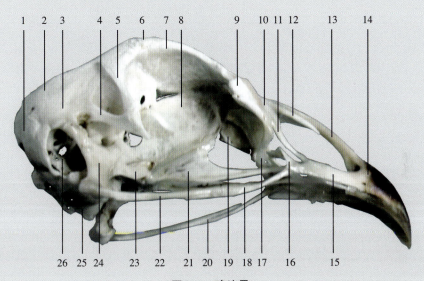

图3-5　鸡头骨

1.枕骨　2.顶骨　3.颞骨　4.颞骨颧突　5.额骨颧突　6.额骨　7.额骨眶上缘　8.眶间隔　9.泪骨　10.鼻骨
11.鼻骨外侧突　12.鼻骨内侧突　13.颌前骨鼻突　14.颌前骨　15.颌前骨上颌突　16.上颌骨　17.犁骨
18.轭骨　19.骨　20.颧弓　21.腭骨　22.方轭骨　23.翼骨　24.方骨　25.蝶骨　26.鼓室
（熊本海，恩和，等，2014.《家禽实体解剖学图谱》. 中国农业出版社）

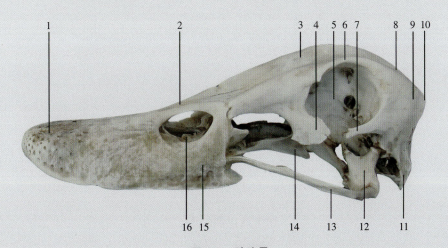

图3-6　鸭头骨

1.颌前骨　2.颌前骨鼻突　3.额骨　4.泪骨　5.眶间隔　6.额骨眶上缘　7.颧突　8.顶骨　9.颞骨　10.枕骨
11.蝶骨　12.方骨　13.方轭骨　14.腭骨　15.上颌骨　16.颌骨鼻孔
（熊本海，恩和，等，2014.《家禽实体解剖学图谱》. 中国农业出版社）

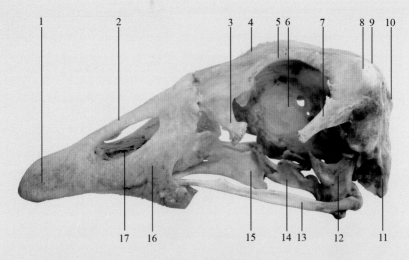

图3-7　鹅头骨

1.颌前骨　2.颌前骨鼻突　3.泪骨　4.额骨　5.额骨眶上缘　6.眶间隔　7.颧突　8.颞骨　9.顶骨　10.枕骨
11.蝶骨　12.方骨　13.方轭骨　14.翼骨　15.腭骨　16.上颌骨　17.颌骨鼻孔
（熊本海，恩和，等，2014.《家禽实体解剖学图谱》.中国农业出版社）

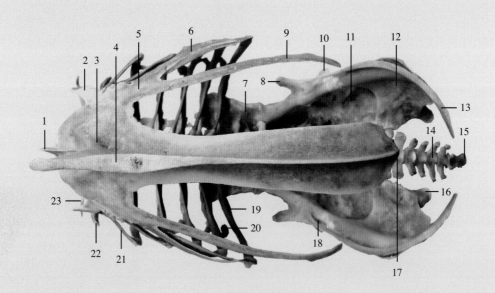

图3-8　鸡躯干骨

1.喙突　2.肋突　3.胸骨（龙骨）　4.胸骨嵴（龙骨嵴）　5.后外侧突　6.斜突　7.髂骨前部　8.股骨突起
9.后内侧突　10.对转子　11.髂骨后部及肾窝　12.坐骨　13.耻骨　14.尾椎　15.尾综骨　16.髋后突　17.剑突
18.闭孔　19.椎肋　20.钩突　21.胸肋　22.第2肋骨　23.第1肋骨
（熊本海，恩和，等，2014.《家禽实体解剖学图谱》.中国农业出版社）

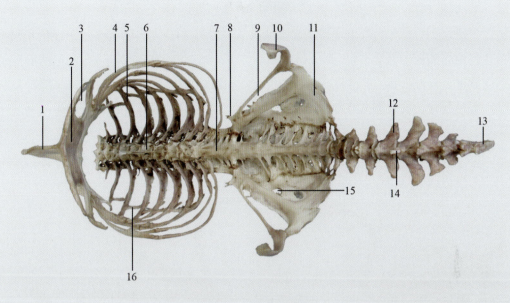

图3-9 鸭的躯干骨

1.胸骨（龙骨） 2.胸骨体内面 3.胸骨切迹 4.胸肋 5.椎肋 6.胸椎腹侧 7.腰椎腹侧 8.股骨突起
9.闭孔 10.耻骨 11.坐骨 12.尾椎横突 13.尾综骨 14.尾椎腹侧突 15.坐骨孔 16.钩突
（熊本海，恩和，等，2014.《家禽实体解剖学图谱》.中国农业出版社）

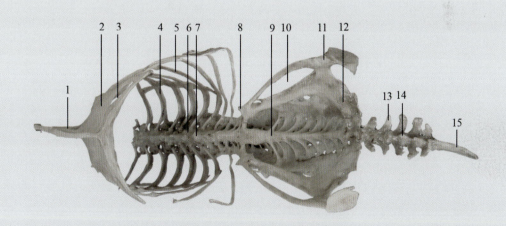

图3-10 鹅的躯干骨

1.胸骨（龙骨） 2.胸骨体 3.胸骨切迹 4.椎肋 5.胸肋 6.胸椎 7.胸椎腹侧突 8.股骨突起
9.腰荐骨腹侧 10.闭孔 11.耻骨 12.坐骨 13.尾椎横突 14.尾椎腹突 15.尾综骨
（熊本海，恩和，等，2014.《家禽实体解剖学图谱》.中国农业出版社）

3.**前肢（翼）骨** 肩带部具有肩胛骨、乌喙骨和锁骨。乌喙骨斜位于胸前口两旁，下端以关节髁与胸骨前缘形成紧密的关节（图3-11）。左、右锁骨的下端已互相愈合，构成叉骨，鸡呈"V"形，鸭、鹅呈"U"形，位于胸前口前方。前肢的游离部为翼骨，分为肱骨、前臂骨（桡骨和尺骨）和前脚（腕骨、掌骨和指骨）3段。

4.**后肢骨** 盆带部具有髂骨、坐骨和耻骨三骨，愈合成髋骨。后肢的游离部为腿骨，分为股骨、小腿骨（胫骨和排骨）、距骨和趾骨（图3-12）。

图3-11　鸡肩带骨

1.锁骨　2.乌喙骨　3.胸骨
4.肋骨的钩突　5.股骨
（张步彩，王涛，2017.《动物解剖彩色图谱》.
中国农业大学出版社）

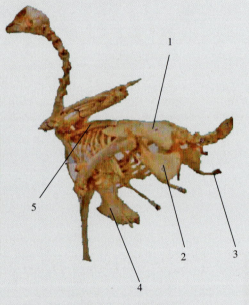

图3-12　鸡盆带骨

1.髂骨　2.坐骨　3.耻骨　4.胸骨　5.肩胛骨
（张步彩，王涛，2017.《动物解剖彩色图谱》.
中国农业大学出版社）

（二）肌肉

禽肌纤维分为白肌纤维和红肌纤维。鸭、鹅等水禽和善飞的禽类，红肌纤维较多，肌肉大多呈暗红色。飞翔能力差或不能飞的禽类，有些肌肉则主要由白肌纤维构成，如鸡的胸肌，颜色较淡。

家禽的肩带肌中最发达的是胸部肌，在善于飞翔的禽类可占全身肌肉总重的1/2以上。胸部肌有两块：胸肌（又称胸浅肌、胸大肌）和乌喙上肌（胸深肌、胸小肌）。它们起始于胸骨、锁骨和乌喙骨以及其间的间质薄膜。胸肌终止于肱骨近端的外侧，作用是将翼向下扑动。乌喙上肌的趾腱则穿过三骨孔而终止于肱骨近端，作用则是将翼向上举。

翼肌主要分布于臂部和前臂部，起到将翼张开和将翼收拢的作用。前臂外侧面的掌桡侧伸肌和指总伸肌，是重要的展翼肌。

腿肌是禽体内第二发达的肌肉，主要分布于股部和小腿部（图3-13）。

图3-13 鸭躯干肌腹侧观
1.喙 2.气管 3.颈部肌 4.翅中 5.翅尖 6.腿肌 7.脚 8.尾部 9.胸肌

三、消化系统

鸡、鸭、鹅的消化系统由消化道和消化腺及实质器官组成。鸡的消化道包括口腔、咽、食管、嗉囊、胃（腺胃和肌胃）、小肠（十二指肠、空肠和回肠）、大肠（有两条盲肠和直肠）和泄殖腔；鸭、鹅没有嗉囊，只有食管膨大部。泄殖腔为消化、泌尿和生殖3个系统共同的通道，前部称为粪道，中部称为泄殖道，后部称为肛道（图3-14至图3-16）。消化腺及实质器官包括唾液腺、肝、胆、胰等。鸡、鸭、鹅的消化系统缺少唇、齿、软腭、结肠等。

（一）口腔、咽

禽没有软腭，口腔与咽腔无明显分界，常合称为口咽。禽的上、下颌发育成上喙和下喙（图3-17），无唇、齿和颊。雏鸡上喙尖部有角质化上皮细胞形成的所谓蛋齿，孵出时可用来划破蛋壳。

（二）食管和嗉囊

食管分为颈段和胸段。颈段开始位于气管背侧，然后与气管一同偏至颈的右侧而行，直接位于皮下；胸段在相当于第3～4肋间隙处略偏向左而与腺胃相接。鸡的食管在叉骨前偏右侧形成嗉囊，略呈球形，鸭、鹅无真正的嗉囊。

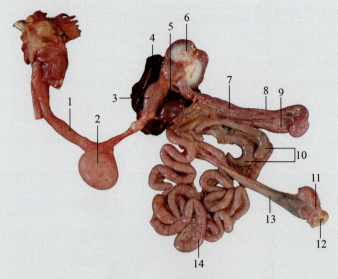

图3-14 鸡消化系统组成

1.食管 2.嗉囊 3.腺胃 4.肝 5.脾 6.肌胃 7.胰 8.十二指肠降袢
9.十二指肠升袢 10.盲肠 11.泄殖腔部 12.肛门 13.直肠 14.空肠
(熊本海,恩和,等,2014.《家禽实体解剖学图谱》. 中国农业出版社)

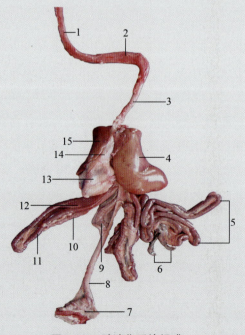

图3-15 鸭消化系统组成

1.食管 2.食管膨大部 3.胸段食管 4.肝右叶 5.空肠 6.盲肠 7.泄殖腔 8.直肠
9.回肠 10.背侧胰叶 11.十二指肠 12.腹侧胰叶 13.肌胃 14.腺胃 15.肝左叶
(熊本海,恩和,等,2014.《家禽实体解剖学图谱》. 中国农业出版社)

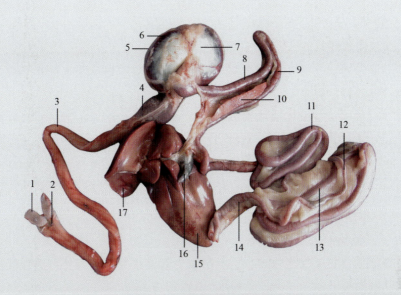

图3-16 鹅消化系统组成

1.喉 2.咽（食管口） 3.食管 4.腺胃 5.肌胃 6.肌胃背侧肌 7.腱镜（腱质中心）
8.十二指肠降枝 9.十二指肠升枝 10.腹侧胰叶 11.空肠 12.盲肠 13.回肠
14.直肠 15.肝右叶 16.胆囊 17.肝左叶

（熊本海，恩和，等，2014.《家禽实体解剖学图谱》. 中国农业出版社）

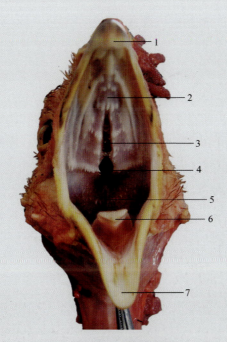

图3-17 鸡口腔咽喉器官

1.上喙 2.腭 3.腭裂 4.鼻后孔 5.咽鼓管漏斗（耳咽管口） 6.舌 7.下喙
（熊本海，恩和，等，2014.《家禽实体解剖学图谱》. 中国农业出版社）

（三）胃

禽胃包括腺胃和肌胃。

腺胃，呈短纺锤形，向后以峡部与肌胃相接。鸡腺胃黏膜表面有乳头，较大而明显；鸭、鹅的数目较多。

肌胃，俗称肫，呈圆形或椭圆形的双凸透镜状，质坚实，位于腹腔左侧肝两叶之间。肌胃分为背侧部和腹侧部很厚的体，以及较薄的前囊和后囊。腺胃开口于前囊；肌胃通十二指肠的幽门也在前囊。肌胃黏膜紧贴一片胃角质层，俗称肫皮，起保护作用，并有助于对食料进行研磨加工。

（四）肠和泄殖腔

禽的十二指肠形成长的"U"形肠袢，位于肌胃右侧。胰位于十二指肠袢内。空回肠以肠系膜悬挂于腹腔右半。空回肠的中部有小突起，称为卵黄囊憩室，常作为空肠与回肠的分界。

禽的大肠包括1对盲肠和1条直肠。盲肠长，沿回肠两旁向前延伸，可分为颈、体、顶3部分。盲肠颈较细，开口于回肠－直肠连接处的紧后方。盲肠体较宽，逐渐变尖而为盲肠顶。在盲肠基部的淋巴小结集合成盲肠扁桃体，鸡较明显。

禽的泄殖腔是消化、泌尿和生殖系统的共同通道，略呈球形，向后以泄殖孔开口于外，通常称为肛门。泄殖腔以黏膜褶分为3部分。前部为粪道，与直肠相通；中部为泄殖道，最短，输尿管、输精管、输卵管开口于泄殖道；后部为肛道，其背侧有法氏囊的开口。

（五）肝

肝位于腹腔前下部，分左、右两叶；右叶较大，具有胆囊。成禽的肝为淡褐色至红褐色；育肥的禽因肝含有脂肪而为黄褐色或土黄色；刚孵出的雏禽，由于吸收卵黄色素，肝呈鲜黄色至黄白色。

（六）胰

胰位于十二指肠袢内，淡黄色或淡红色，长方形，通常分背叶、腹叶和小的脾叶。胰的外分泌部与家畜相似，为复管泡状腺，内分泌部为胰岛。

四、呼吸系统

鸡、鸭、鹅的呼吸系统发达，由鼻腔、咽、喉、气管、鸣管、支气管、气囊和肺组成（图3-18至图3-20）。

（一）鼻腔

鼻孔位于上喙的基部。眶下窦位于上颌外侧、眼球的腹侧，其外侧壁主要由软

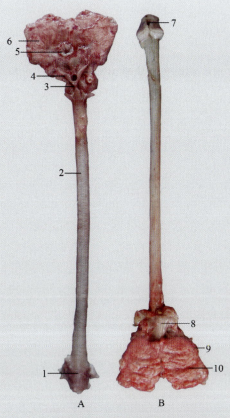

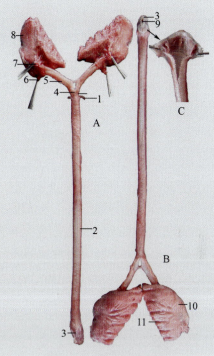

图3-18　鸡的呼吸系统

A.鸡肺和气管腹侧面　B.鸡肺和气管背侧面

1.喉　2.气管　3.鸣囊　4.支气管　5.食管横断面
6.左肺　7.喉口　8.食管　9.右肺　10.肋沟

（熊本海，恩和，等，2014.《家禽实体解剖学图谱》.
中国农业出版社）

图3-19　鸭的呼吸系统

A.鸭肺和气管腹侧面　B.鸭肺和气管背侧面
C.喉内剖面

1.胸骨气管肌和气管肌　2.气管　3.喉　4.鸣囊
5.支气管　6.肺动脉　7.肺静脉　8.左肺　9.喉口
10.右肺　11.肋沟

（熊本海，恩和，等，2014.《家禽实体解剖学图谱》.
中国农业出版社）

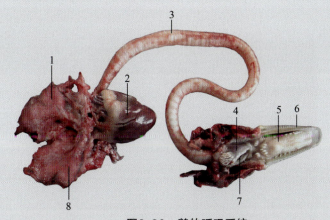

图3-20　鹅的呼吸系统

1.右肺　2.心脏　3.气管　4.喉　5.舌　6.下颌（下喙）7.喉口　8.左肺
（熊本海，恩和，等，2014.《家禽实体解剖学图谱》.中国农业出版社）

组织构成。窦的后上方具有两个开口，与鼻腔相通。

（二）喉、气管和鸣管

喉位于咽底壁，在舌根后方，与鼻后孔相对。喉软骨仅有环状软骨和杓状软骨。禽的喉无声带。气管在皮肤下伴随食管向下行，并一起偏至颈的右侧，入胸腔后转至食管胸段腹侧，至心基上方分为两条支气管，分叉处形成鸣管。

鸣管是禽的发声器官，位于胸腔入口后方。公鸭形成膨大的骨质鸣管泡，向左突出，缺少鸣膜，因此叫声嘶哑。

（三）肺和气囊

禽肺鲜红色，略呈扁平的椭圆形，不分叶。两肺位于胸腔背侧部，背侧面有椎肋骨嵌入，在背内侧缘形成几条肋沟。

气囊是禽类特有的，多数禽类有9个。1对颈气囊，其中央部在胸腔前部背侧；1个锁骨气囊，位于胸腔前部腹侧；1对胸前气囊，位于两肺腹侧；1对胸后气囊，在胸前气囊紧后方；1对腹气囊，最大，位于腹腔内脏两旁。

禽没有与哺乳动物类似的膈。

五、泌尿系统

鸡、鸭、鹅的泌尿系统仅有左右1对肾和输尿管，缺少膀胱和尿道，输尿管直接开口于泄殖腔。双肾狭长，各分为前、中、后三叶。

（一）肾

禽肾淡红至褐红色，质软而脆，位于腰荐骨两旁和髂骨的内面；形态狭长，可分前、中、后三部。肾外无脂肪囊和肾门（图3-21至图3-23）。

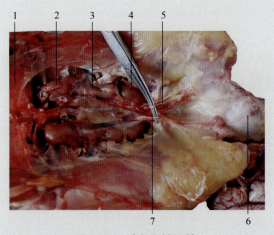

图3-21　鸡肾和输尿管

1.肺　2.左肾前部　3.左肾中部　4.左肾后部　5.左肾输尿管　6.泄殖腔　7.右肾输尿管

（熊本海，恩和，等，2014.《家禽实体解剖学图谱》.中国农业出版社）

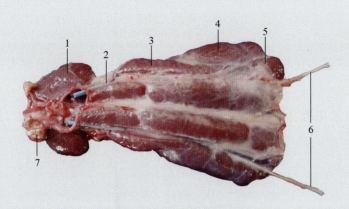

图3-22 鸭肾及输尿管

1.左肾前部 2.肾后静脉 3.左肾中部 4.左肾后部 5.结缔组织膜（表层）

6.输尿管 7.肾上腺

（熊本海，恩和，等，2014.《家禽实体解剖学图谱》.中国农业出版社）

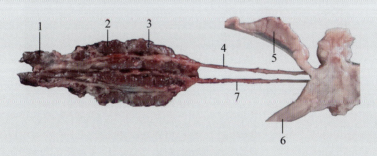

图3-23 鹅肾及输尿管

1.左肾前部 2.左肾中部 3.左肾后部 4.左肾输尿管 5.子宫部 6.直肠

7.右肾输尿管

（熊本海，恩和，等，2014.《家禽实体解剖学图谱》.中国农业出版社）

（二）输尿管

输尿管在肾内不形成肾盂，而分成若干初级分支和次级分支。输尿管为1对细管，从肾中部走出，沿肾的腹侧面向后延伸，开口于泄殖腔顶壁两侧，有时可看到腔内有白色尿酸盐晶体。

六、生殖系统

母鸡、鸭、鹅的生殖系统由生殖腺卵巢和生殖道组成。生殖道分为输卵管（伞部、壶腹部、峡部）、子宫部、阴道部和泄殖腔等。

公鸡、鸭、鹅的生殖系统由睾丸、附睾、输精管和交配器官组成。公鸡附睾和交配器官不发达，公鸭、鹅的交配器官发达。缺少副性腺和精索等构造。

（一）公禽生殖器官

公禽睾丸位于肾前部下方，体表投影在最后两椎肋骨的上部。幼禽睾丸米粒大、黄色。成禽睾丸生殖季节达（35 ~ 60）mm×（25 ~ 30）mm、乳白色。

输精管与输尿管并列，末端形成输精管乳头，突出于泄殖腔（输尿管口略下方）。

公鸡无阴茎，仅有位于肛门腹侧唇内侧的3个小阴茎体、1对淋巴褶和1对泄殖腔旁血管体。阴茎体在刚出壳的雏鸡较明显，可用来鉴别雌雄。

公鸭、公鹅有较发达的阴茎，分别长6 ~ 8 cm和7 ~ 9 cm（图3-24至图3-26）。

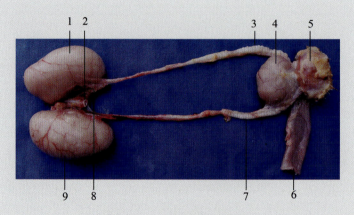

图3-24　公鸡生殖器官组成

1.右侧睾丸　2.主动脉断面　3.右侧输精管　4.法氏囊　5.尾部　6.直肠
7.左侧输精管　8.睾丸系膜　9.左侧睾丸
（熊本海，恩和，等，2014.《家禽实体解剖学图谱》.中国农业出版社）

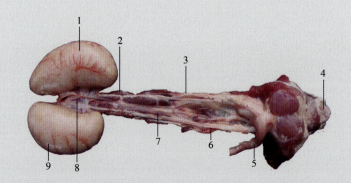

图3-25　公鸭生殖系统组成

1.右侧睾丸　2.右肾前部　3.右侧输精管　4.肛门　5.直肠　6.左侧输精管
7.左肾中部　8.睾丸韧带　9.左侧睾丸
（熊本海，恩和，等，2014.《家禽实体解剖学图谱》.中国农业出版社）

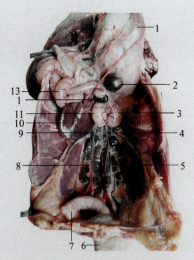

图3-26 公鹅的生殖器官组成

1.肌胃 2.脾 3.左侧睾丸 4.左侧输精管 5.左肾后部 6.肛门 7.直肠
8.右肾后部 9.右侧输精管 10.肝右叶 11.右侧睾丸 12.胆囊 13.空肠
(熊本海，恩和，等，2014.《家禽实体解剖学图谱》.中国农业出版社)

（二）母禽生殖器官

母禽仅左侧的卵巢与输卵管发育正常，右侧退化。

卵巢位于左肾前部及肾上腺腹侧，幼禽为扁平椭圆形。随着年龄增长和性活动周期性变化，卵泡发育为成熟卵泡，突出于卵巢表面，如一串葡萄状。在产蛋期，卵巢经常保持有四五个较大的卵泡。

左输卵管发育充分，可顺次分5个部分：漏斗（受精部位）、膨大部（蛋白分泌部位）、峡（壳膜形成部位）、子宫（蛋壳形成部位）和阴道（图3-27至图3-29）。

七、淋巴系统

鸡、鸭、鹅的淋巴系统由胸腺、法氏囊、脾、淋巴结和淋巴管组成。

（一）胸腺

胸腺位于颈部两侧皮下，每侧一般有7叶（鸡）（图3-30）或5叶（鸭和鹅），沿颈静脉直到胸腔入口的甲状腺处，淡黄色或略带红色。性成熟前发育最大，此后逐渐萎缩。

（二）法氏囊

法氏囊是禽类特有的淋巴器官，位于泄殖腔背侧，开口于肛道，圆形（鸡）或长椭圆形（鸭、鹅）。性成熟前发育至最大（3～5月龄，鹅稍迟），此后逐渐退化（鸡10月龄，鸭1年，鹅稍迟）。法氏囊是产生B淋巴细胞的初级淋巴器官。

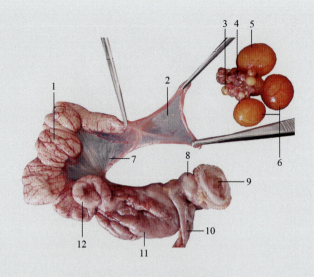

图3-27　母鸡生殖器官的组成

1.输卵管膨大部　2.输卵管漏斗口　3.次级卵泡　4.卵巢　5.成熟卵泡（卵黄）
6.生长卵泡　7.输卵管系膜　8.泄殖腔　9.肛门　10.直肠
11.子宫部　12.输卵管峡部
（熊本海，恩和，等，2014.《家禽实体解剖学图谱》. 中国农业出版社）

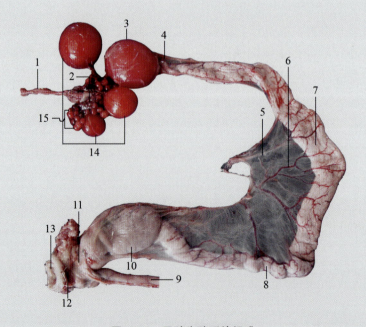

图3-28　母鸭生殖系统组成

1.卵巢系膜及血管　2.卵巢　3.成熟卵泡（输卵管漏斗内）　4.输卵管漏斗
5.输卵管系膜　6.输卵管血管　7.输卵管膨大部　8.输卵管峡部　9.直肠
10.子宫部　11.阴道部　12.泄殖腔部　13.肛门　14.生长卵泡　15.次级卵泡
（熊本海，恩和，等，2014.《家禽实体解剖学图谱》. 中国农业出版社）

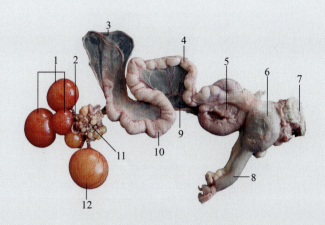

图3-29 母鹅生殖器官组成

1.生长卵泡 2.卵泡带开口 3.输卵管伞 4.输卵管峡部 5.子宫 6.泄殖腔
7.肛门 8.直肠 9.子宫韧带 10.输卵管壶腹部 11.卵巢 12.成熟卵泡（卵黄）
（熊本海，恩和，等，2014.《家禽实体解剖学图谱》.中国农业出版社）

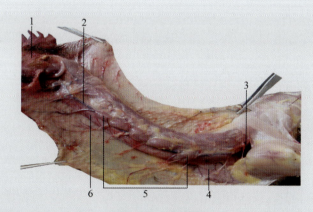

图3-30 鸡胸腺

1.头部 2.颈静脉 3.胸腔前口 4.嗉囊 5.胸腺 6.食管
（熊本海，恩和，等，2014.《家禽实体解剖学图谱》.中国农业出版社）

（三）脾

脾位于腺胃右侧。鸡脾呈圆形，鸭脾呈三角形，质软而呈褐红色，鹅脾呈椭圆形（图3-31至图3-33）。主要参与免疫功能。

（四）淋巴结

淋巴结仅见于鸭、鹅等水禽，有2对。1对颈胸淋巴结，长纺锤形，长1.0～1.5 cm，位于颈基部和胸前口处，紧贴颈静脉（图3-34、图3-35）；1对腰淋巴结，长方形，长约2.5 cm，位于腰部主动脉两侧。

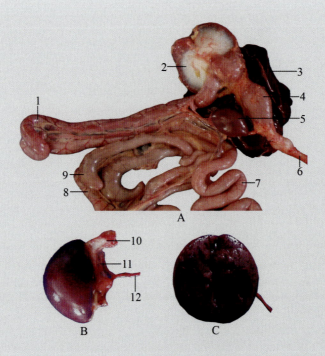

图3-31 鸡脾

A.脾及其相对位置 B.脾 C.脾纵切面

1.十二指肠 2.肌胃 3.肝 4.腺胃 5.脾 6.食管 7.空肠 8.直肠 9.盲肠 10.脾动脉

11.脾韧带 12.脾静脉

(熊本海，恩和，等，2014.《家禽实体解剖学图谱》. 中国农业出版社)

图3-32 鸭脾

A.脾背面 B.脾腹面 C.脾纵切面

(熊本海，恩和，等，2014.《家禽实体解剖学图谱》. 中国农业出版社)

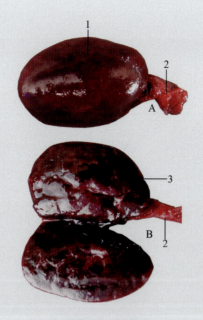

图3-33　鹅脾
A.脾　B.脾纵切面
1.脾　2.脾韧带　3.脾纵切面
（熊本海，恩和，等，2014.《家禽实体解剖学图谱》.中国农业出版社）

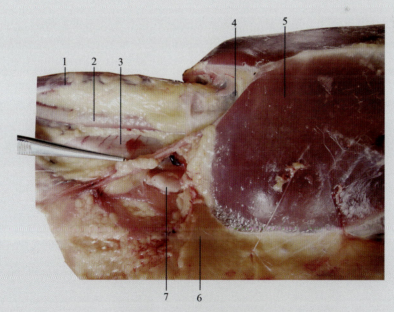

图3-34　鸭颈胸淋巴结
1.颈部　2.气管　3.食管　4.胸腔入口　5.胸浅（大）肌　6.皮下组织及脂肪　7.颈胸淋巴结
（熊本海，恩和，等，2014.《家禽实体解剖学图谱》.中国农业出版社）

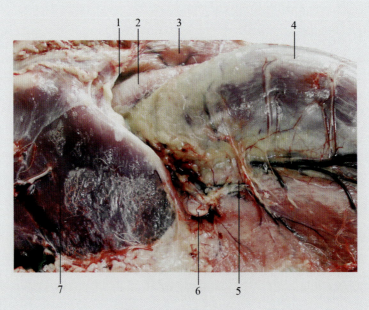

图3-35　鹅颈胸淋巴结

1.胸腔入口　2.气管　3.食管　4.颈部　5.颈部皮下组织及脂肪　6.颈胸淋巴结　7.胸浅（大）肌
（熊本海，恩和，等，2014.《家禽实体解剖学图谱》. 中国农业出版社）

八、心血管系统

家禽心血管系统由心脏、血管和血液组成。本节不涉及血管和血液。

禽心脏位于胸腔的腹侧，心基部朝向前背侧，与第1肋相对，心尖斜向后，正对第5肋骨（图3-36至图3-38）。

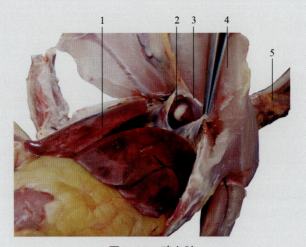

图3-36　鸡心脏

1.肝　2.心脏　3.心包　4.胸肌　5.颈部

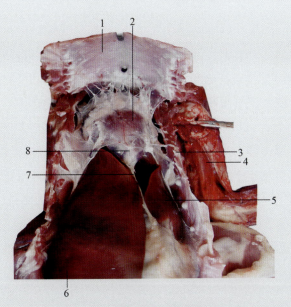

图3-37 鸭心脏

1.胸骨内壁 2.心包、心脏 3.肋骨断端 4.左壁部 5.肝左叶 6.肝右叶 7.纵隔 8.心尖

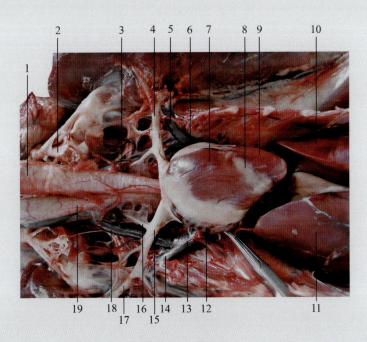

图3-38 鹅心脏

1.气管 2.锁骨断端 3.左颈总静脉 4.左臂头动脉 5.左锁骨下静脉 6.左前腔静脉 7.右心室 8.下室间沟
9.左心室 10.肝左叶 11.肝右叶 12.右心房 13.右前腔静脉 14.右锁骨下静脉 15.右臂头动脉
16.右颈总动脉 17.右锁骨下动脉 18.右颈总静脉 19.食管
(熊本海，恩和，等，2014.《家禽实体解剖学图谱》. 中国农业出版社)

九、神经系统

神经系统感知机体内外刺激，并调节生理功能活动，由中枢神经系统和外周神经系统组成。中枢神经系统包括脑和脊髓，外周神经系统包括脊神经、脑神经和植物神经。屠宰检验检疫主要涉及外周神经，尤其是脊神经的观察。

（一）脊神经

成对排列，可分颈神经、胸神经、腰荐神经和尾神经。脊神经由背根和腹根组成，并分为背侧支和腹侧支，其中主要的为臂神经丛和腰荐神经丛。臂神经丛由颈胸部4～5对脊神经的腹侧支形成，其分支分布于前肢及胸部的皮肤和肌肉。腰荐神经丛由8对腰荐神经的腹侧支参与形成，其分支分布于后肢和骨盆部。其中最大的坐骨神经穿经肾，经髂坐孔穿出分布于后肢（图3-39至图3-41）。鸡患马立克病时，一侧坐骨神经会肿大、变性。

（二）脑神经

禽的脑神经与家畜一样，也有12对。其中，嗅神经细小；视神经由中脑的视顶盖发出；三叉神经发达，特别是水禽的动眼神经及下颌神经较粗大，与喙的敏锐感觉有关；面神经较细，分布于颈皮肌和舌骨肌；舌咽神经分布于舌、咽、喉和颈段食管、气管；副神经不明显，舌下神经分布于舌骨肌及气管肌，后者与发声有关。

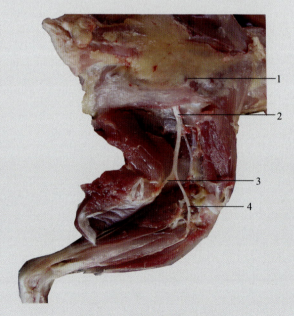

图3-39 鸡腿部神经（外侧）
1.腰荐部 2.坐骨神经 3.胫内侧神经 4.胫外侧神经
（熊本海，恩和，等，2014.《家禽实体解剖学图谱》. 中国农业出版社）

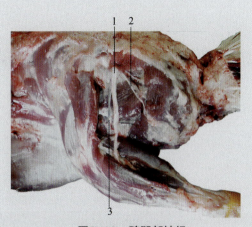

图3-40 鸭腿部神经

1.坐骨神经 2.坐骨神经肌支 3.股静脉

（熊本海，恩和，等，2014.《家禽实体解剖学图谱》. 中国农业出版社）

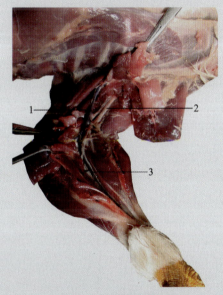

图3-41 鹅腿部神经

1.股静脉 2.股、胫神经束 3.胫静脉

（熊本海，恩和，等，2014.《家禽实体解剖学图谱》. 中国农业出版社）

（三）植物神经

交感干有1对，从颅底颈前神经节起，沿脊柱向后延伸终止于尾神经节（奇神经节），干上有一系列椎旁神经节。但颈前部、胸部和综荐部前部的神经节与脊神经节紧密相连，因此交通支不明显。

副交感神经与家畜相似，头部副交感节前纤维也随动眼神经、面神经、舌神经和迷走神经分布，迷走神经很发达。

第二节　病理学基础知识

　　病理学是以解剖学、组织学、生理学、生物化学、微生物学及免疫学等为基础，运用各种方法和技术研究疾病的发生原因、发展过程，以及机体在疾病过程中的功能、代谢和形态结构的改变（病理变化或病变），从而揭示患病机体生命活动规律的一门科学。

　　研究病理学的目的是阐明疾病的本质，认识和掌握疾病的发生发展规律，揭示疾病的发展进程，为诊断疾病提供充分依据。在屠宰过程中，病理学的主要任务是识别屠宰前和屠宰后家禽组织器官的病理变化或病变，并判断每一种病理变化与相应疾病过程相关的情况。

一、充血和淤血

　　充血是指局部器官或组织的血管内血液含量增多的现象，可分为动脉性充血和静脉性充血。

（一）动脉性充血

　　由于小动脉及毛细血管扩张增多的现象称为动脉性充血，简称充血。充血局部小动脉和毛细血管扩张、温度升高、色泽鲜红、机能增强、充血的组织器官体积稍肿大（图3-42）。由于充血组织色泽鲜红，皮肤和黏膜充血时常称之为"潮红"。

（二）静脉性充血

　　局部器官或组织由于静脉血液回流受阻，血液淤积在小静脉及毛细血管中，导致局部器官或组织含血量增多的现象称为静脉性充血，简称淤血。淤血的器官组织呈暗红色或蓝紫色，肿大，机能减退，体

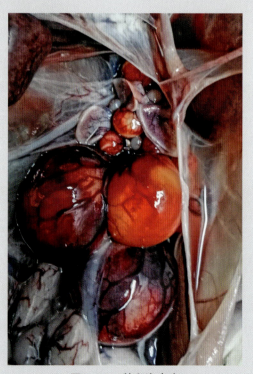

图3-42　鹅卵泡充血

表淤血时皮温降低。有时可伴有水肿，严重时可见有淤血性出血。若淤血发生在可视黏膜，淤血组织呈暗红色甚至蓝紫色，称为发绀。

二、出血

血液流出血管或心脏之外，称为出血。血液流出体外，称为外出血；血液流入组织间隙或体腔内称为内出血。根据血管破损的不同类型，外出血主要特征是血液流出体外，如外伤出血、呕血或吐血、便血、咳血、尿血。内出血主要特征是血液蓄积于体腔或组织间隙，如胸腔积血、心包积血、皮下血肿等（图3-43至图3-46）。

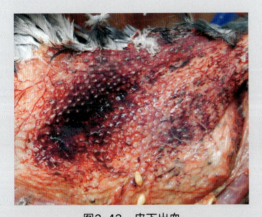

图3-43 皮下出血

禽流行性感冒，颈部皮下严重出血

（陈怀涛，2008.《兽医病理学原色图谱》. 中国农业出版社）

图3-44 肝出血

鸭病毒性肝炎，肝上有散在大量出血斑点

（陈怀涛，2009.《兽医病理学原色图谱》. 中国农业出版社）

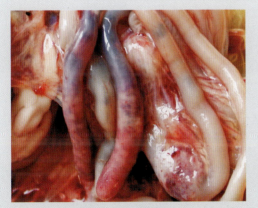

图3-45 肠出血

鸭链球菌病，盲肠浆膜出血

（陈怀涛，2008.《兽医病理学原色图谱》. 中国农业出版社）

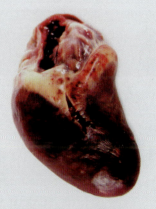

图3-46 心脏出血

心外膜及心冠脂肪有不少出血斑点

（陈怀涛，2008.《兽医病理学原色图谱》. 中国农业出版社）

由于渗出性出血的原因和部位不同，常见病变形态包括点状出血、斑状出血和出血性浸润。

三、水肿

水肿是指过多的等渗性液体在组织间隙或体腔中积聚，体腔内过多体液的积聚称为积水，如胸腔积水、心包积水、腹腔积水、脑积水等。按水肿发生的部位分为皮下水肿、肺水肿、浆膜腔积水、实质脏器水肿等。

1.皮下水肿 皮肤肿胀，色泽变浅，失去弹性，触感如面团，切开皮肤有大量浅黄色液体流出，或呈淡黄色胶冻状（图3-47）。

2.肺水肿 肺外观体积增大，重量增加，肺胸膜紧张而富有光泽；淤血区域呈暗红色而使肺表面的色彩不一致；肺间质增宽；肺切面外翻，呈暗紫红色，从支气管和细支气管断端流出大量白色或粉红色（伴发出血）的泡沫状液体。

3.浆膜腔积水 当胸腔、腹腔、心包腔等浆膜腔发生积水时，水肿液一般为淡黄色透明液体（图3-48至图3-50）。

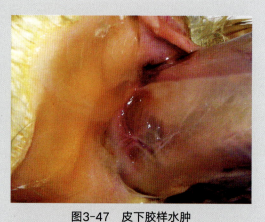
图3-47 皮下胶样水肿
鸭病毒性肿头出血症，腹部皮下呈淡黄色胶样水肿
（陈怀涛，2008.《兽医病理学原色图谱》.中国农业出版社）

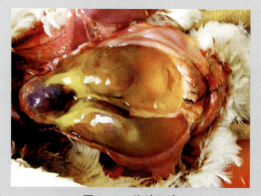
图3-48 腹腔积液
肉鸡腹水综合征，体腔积满淡黄色澄清的液体和胶冻样物
（陈怀涛，2008.《兽医病理学原色图谱》.中国农业出版社）

图3-49 法氏囊浆膜水肿
鸡传染性法氏囊病，病鸡的法氏囊浆膜水肿，呈柠檬色
（陈怀涛，2008.《兽医病理学原色图谱》.中国农业出版社）

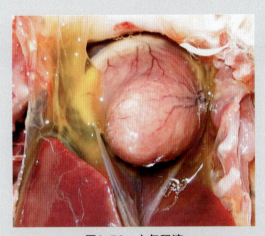

图3-50　心包积液
鸭流行性感冒，心包积液，心扩张，心肌色淡
（陈怀涛，2008.《兽医病理学原色图谱》. 中国农业出版社）

4.实质脏器水肿　指的是肝、心和肾等脏器的水肿，如果器官自身的肿胀比较轻微，一般眼观病变不明显。

四、萎缩

已发育成熟的器官、组织或细胞发生体积缩小的过程，称为萎缩。器官、组织的萎缩通常是由实质细胞体积缩小或数目减少所致。

（一）生理性萎缩和病理性萎缩

根据病因，可将萎缩分为生理性萎缩和病理性萎缩。前者是在生理情况下，动物体的许多组织和器官随着机体生长发育到一定阶段时逐渐萎缩的现象。如老龄动物的动脉导管和脐带血管的退化，动物性成熟后胸腺、法氏囊的退化。而病理性萎缩是指组织、器官受某些致病因素作用而发生的萎缩，它与机体的生理代谢和年龄无直接关系。

（二）全身性萎缩和局部性萎缩

根据萎缩波及的范围，病理性萎缩可分为全身性萎缩和局部性萎缩。

1.全身性萎缩　在某些致病因子作用下，动物机体发生全身性物质代谢障碍，以致全身各组织器官普遍发生萎缩。全身性萎缩是畜禽常发生的一种病理过程，多见于长期饲料不足（饥饿）、长期营养不良、维生素缺乏和某些慢性消化道疾病所致营养物质吸收障碍（营养不良性萎缩）、消化道梗阻（饥饿性萎缩）、严重的消耗性疾病（恶病质性萎缩）。

全身性萎缩时机体各组织器官都发生萎缩，但其程度并不完全一致。一般脂肪组织的萎缩发生最早且最严重，然后是肌肉组织，最后是肝、肾、脾、淋巴结、胃、肠等器官，而心、脑、内分泌等器官（如肾上腺、垂体、甲状腺等）等则较少或不发生萎缩。萎缩的器官一般表现为体积均匀性缩小，原有形状基本保存，边缘锐薄，被膜增厚皱缩，重量减轻，质地变硬，色泽稍淡或变深。

2.局部性萎缩 是在某些局部致病因子作用下发生的局部组织和器官的萎缩。包括：①由于器官功能降低或失用后所致的废用性萎缩；②组织和器官长期受压迫而发生的压迫性萎缩；③神经受损后导致其所支配的效应器官发生的神经性萎缩；④当局部小动脉不全阻塞时，由于血液供应不足，引起相应部位的组织发生的缺血性或血管性萎缩；⑤由于内分泌功能紊乱（主要为功能低下）引起相应靶器官的内分泌性萎缩。

局部性萎缩与全身性萎缩的形态变化基本相同，所不同的是，除了可以看到上述病变外，还常看到引起萎缩的原始病变。在实质器官发生萎缩时，邻近健康的组织可发生代偿性肥大，间质发生增生（图3-51至图3-54）。

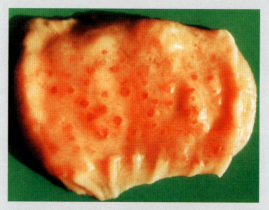

图3-51　腺胃乳头萎缩

传染性腺胃炎，腺胃乳头萎缩、凹陷，并形成出血性溃疡
（杜元钊等，2005.《禽病诊断与防治图谱》. 济南出版社）

图3-52　骨髓萎缩

鸡传染性贫血，骨髓萎缩、变淡，上为正常骨髓
（陈怀涛，2008.《兽医病理学原色图谱》. 中国农业出版社）

图3-53　胸腺萎缩

鸡传染性贫血，胸腺萎缩、出血，上为正常胸腺
（陈怀涛，2008.《兽医病理学原色图谱》. 中国农业出版社）

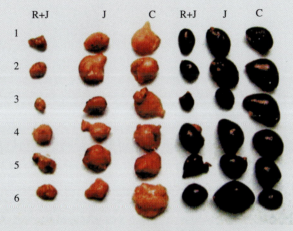

图3-54　法氏囊和脾萎缩

禽网状内皮组织增生病，1日龄SPF鸡人工感染REV+ALV-（R+J），1个月后扑杀，
法氏囊和脾显著小于ALV-J单独感染（J）和对照组（C），每组各监测6只鸡
（崔治中等，2003.《禽病诊治彩色图谱》. 中国农业出版社）

五、变性

变性是指由于物质代谢障碍而在细胞内或细胞间出现异常物质或正常物质蓄积过多的现象，并伴有不同程度的功能障碍。一般而言，变性是可复性损伤，当病因消除后，细胞结构和功能仍可恢复。但严重的变性则往往不能恢复而进一步发展为坏死。常见的细胞变性有以下几种：

1.细胞肿胀　细胞肿胀是指细胞内水分增多而胞体增大，细胞质内出现微细颗粒或大小不等的水泡。发生细胞肿胀的器官眼观体积增大、边缘变钝、被膜紧张、色泽变淡、混浊无光泽、质地脆软、切面隆起、边缘外翻。

2.脂肪变性　细胞内有大小不等的游离脂肪小滴的蓄积，称为脂肪变性，简称脂变。脂肪变性常发于代谢旺盛的器官，最常见于肝。发生脂肪变性的器官外观与发生细胞肿胀时较相似，但色泽呈不同程度的发黄。严重时，体积增大、松软易脆、呈土黄色，切面上肝小叶结构模糊，有油腻感（图3-55）。

3.病理性钙化 除骨和牙齿外，在机体的软组织内有固体性钙盐的沉积现象称为病理性钙化或钙盐沉着，沉积的钙盐主要是磷酸钙，其次为碳酸钙。发生钙盐沉着的组织，肉眼观察呈白色石灰状。

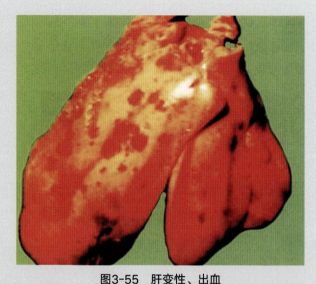

图3-55　肝变性、出血
鸡包涵体肝炎，肝变性，色泽灰黄，并有大小不等的出血斑点
（陈怀涛，2008.《兽医病理学原色图谱》. 中国农业出版社）

4.尿酸盐沉着 尿酸盐沉着即痛风，是指体内嘌呤代谢障碍，血液中尿酸含量增高，伴有尿酸盐结晶沉着在某些器官组织而引起的疾病。痛风可发生于人及多种动物，但以家禽尤最为多见。尿酸盐结晶易于沉着在关节间隙、腱鞘、软骨、肾、输尿管及内脏器官的浆膜上（图3-56至图3-59）。肉眼观察脏器病变部位有白色粉末样物质沉着，关节中沉着尿酸盐时可造成关节变形和形成痛风石。

图3-56　内脏器官尿酸盐沉积
鸡痛风，病鸡心包腔、肾、腺胃、肌胃、腹膜等处有大量灰白色尿酸盐沉积
（陈怀涛，2008.《兽医病理学原色图谱》. 中国农业出版社）

图3-57　肝表面尿酸盐沉积

鸡痛风，肝表面和心包、心外膜被覆大量尿酸盐，呈白色石灰样
（陈怀涛，2008.《兽医病理学原色图谱》. 中国农业出版社）

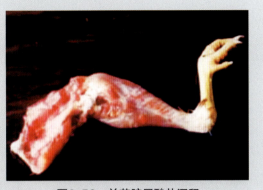

图3-58　关节腔尿酸盐沉积

鸡痛风，关节腔内沉积多量尿酸盐
（陈怀涛，2008.《兽医病理学原色图谱》. 中国农业出版社）

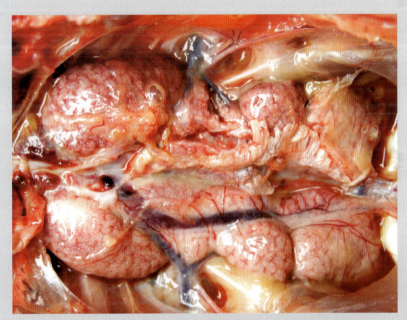

图3-59　肾尿酸盐沉积

鸡传染性支气管炎，肾肿大，外观呈花斑状，肾小管和输尿管内充满尿酸盐
（陈怀涛，2008.《兽医病理学原色图谱》. 中国农业出版社）

5.病理性色素沉着　组织中色素增多或原来不含色素的组织中有色素的异常沉着，称为病理性色素沉着。沉着的色素来源于机体自身，称为内源性色素，如含铁血黄素、胆红素、卟啉、黑色素、脂褐素；如果色素从外界进入体内，则称为外源性色素，如来自炭末、铁末、硅末、铅末，以及其他无机和有机的有色物质等。

六、坏死

坏死是指活体动物局部组织、细胞的病理性死亡，是一种不可逆的病理损伤。坏死组织和细胞的物质代谢停止、功能丧失、形态结构明显破坏。

1.凝固性坏死 组织坏死时，坏死组织崩解释放出蛋白凝固酶，使组织蛋白发生凝固，以至组织失去原有的结构，成为灰白色或黄白色比较干燥的凝固体的一种坏死形式。坏死组织坚实、干燥、混浊，呈灰白色，无光泽（图3-60至图3-62）。

图3-60　坏死性盲肠炎

沙门氏菌病，病雏盲肠中见灰黄色干酪样凝块，肠黏膜有出血斑点

（陈怀涛，2008.《兽医病理学原色图谱》.中国农业出版社）

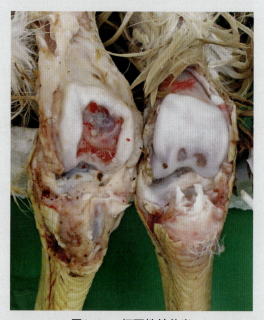

图3-61　坏死性关节炎

葡萄球菌病，患侧关节面坏死、溃烂

（陈怀涛，2008.《兽医病理学原色图谱》.中国农业出版社）

图3-62　肝坏死灶

鸭瘟，肝有灰白色密发性小坏死灶

（陈怀涛，2008.《兽医病理学原色图谱》.中国农业出版社）

2.液化性坏死 是指坏死组织因受蛋白酶分解，迅速溶解成液体状的一种坏死形式，常见于富含脂质（如脑）和蛋白分解酶丰富（如胰腺、胃肠道）的组织。

3.坏疽 是指继发有腐败菌感染或其他因素影响的大块坏死，呈现灰褐色或黑色等特殊形态改变。干性坏疽多发于体表皮肤，坏死的皮肤干燥、变硬，呈褐色或黑色，与相邻正常组织之间有明显的分界线（图3-63）；湿性坏

图3-63　皮肤坏疽

葡萄球菌病，病鸡颈下部和肉髯发生湿性坏疽，流出红褐色液体，羽毛脱落

（陈怀涛，2008.《兽医病理学原色图谱》. 中国农业出版社）

疽发生于与外界相通的内脏（如肺、肠、子宫）或皮肤（坏死的同时伴有淤血、水肿），坏死组织柔软、崩解，呈污灰色、绿色或黑色糊粥样，有恶臭味；气性坏疽为湿性坏疽的一种特殊类型，在皮肤和肌肉中形成黑褐色肿胀，周围组织中见有气泡，主要见于严重的深部创伤。

七、脓肿

脓肿是指组织内发生的局限性化脓性炎症，主要特征为组织坏死溶解，形成充满脓液的囊腔，可发生于皮下或内脏。脓肿多由金黄色葡萄球菌等引起，由于金黄色葡萄球菌等细菌能产生毒素，使局部组织坏死，继而使大量中性粒细胞浸润。此后粒细胞崩解释放出蛋白水解酶将坏死组织液化，形成含有脓液的腔。同时葡萄球菌能产生血浆凝固酶，使局部渗出的纤维蛋白原转变为纤维蛋白，因而病变比较局限，时间稍长即在脓肿边缘由大量纤维组织和毛细血管形成脓肿壁，脓肿壁包围脓肿。脓液继续增多后，导致脓肿腔压力逐渐升高，脓肿不断扩大，最后脓肿壁薄弱处可被穿破，以致排出脓液（图3-64至图3-67）。

疖是毛囊、皮脂腺及其附近组织所发生的脓肿。疖中心部分液化，变软后，脓肿就可以穿破皮肤。痈是多个疖的融集，在皮下脂肪、筋膜组织中形成的许多互相沟通的脓肿，必须及时切开引流排脓后，局部才能修复愈合。发生皮肤或黏膜的化脓性炎时，由于皮肤或黏膜坏死、崩解脱落，可形成局部缺损，即溃疡。

小脓肿可以吸收消散，较大脓肿则由于脓液过多，吸收困难，需要切开排脓或穿刺抽脓，而后由肉芽组织修复，形成瘢痕。

图3-64 趾部肿胀

葡萄球菌病，病鸡趾部肿胀，发红
（陈怀涛，2008.《兽医病理学原色图谱》. 中国农业
出版社）

图3-65 鸭眼眶下脓肿

雏鸭传染性窦炎，眶下窦剖开可见积聚大量灰白色干
酪样脓性渗出物
（陈怀涛，2008.《兽医病理学原色图谱》. 中国农业出
版社）

图3-66 鸡滑液囊脓肿

鸡化脓性滑液囊炎，肿大的滑液囊剖开可见灰白色脓液
（陈怀涛，2008.《兽医病理学原色图谱》. 中国农业出
版社）

图3-67 鹅胸腔脓肿

化脓菌感染引起的胸膜、肺等脏器脓肿，大量灰白色
化脓灶分布于肺表面

八、败血症

在疾病发生过程中，血液内持续存在病原微生物或其毒素及毒性产物，造成广泛的组织损害，临床上出现严重的全身反应，这种全身性病理过程，称为败血症。败血症是病原微生物突破机体屏障，由局部感染灶经过血液向全身扩散的结果。

由于发生败血症时，机体多发生菌血症或病毒血症，同时血液内存在大量毒素，使机体处于严重的中毒状态，出现一系列全身性病理过程，发生严重的中毒和物质代谢障碍。不同病原微生物引起的败血症病理变化特点相似。各种患败血症的动物死亡后剖检均具有以下共同特点：

1.尸僵不全　由于死于败血症的动物在病原微生物和毒素的作用下，尸体很易发生变性、自溶和腐败，尤其是肌肉很快发生变性，所以往往呈现尸僵不完全或尸僵不明显。血液呈紫黑色黏稠状，凝固不良呈酱油样；很多病例发生溶血，大血管和心脏的内膜被染成污红色。黏膜和皮下组织可呈现黄疸色。

2.全身出血　在病原微生物和毒素的作用下，全身小血管和毛细血管发生严重的损伤，结构被破坏，剖检时可见全身皮肤、浆膜与黏膜上有多发性出血点或出血斑，如发生鸡新城疫、禽流感等。有的可见浆膜下、黏膜下和皮下结缔组织中大量浆液性或浆液出血性浸润。浆膜腔内有积液，其中混有丝状或片状纤维素（图3-68、图3-69）。

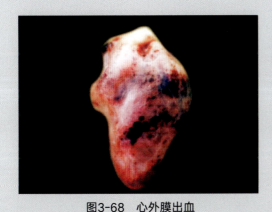

图3-68　心外膜出血

鸭巴氏杆菌病，心外膜有大小不等的出血斑点（陈怀涛，2008.《兽医病理学原色图谱》.中国农业出版社）

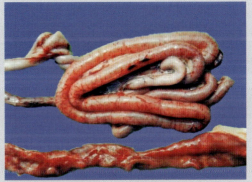

图3-69　出血性肠炎

鸡巴氏杆菌病，肠浆膜充血、出血，十二指肠黏膜肿胀、出血时，附着黏糊状内容物（陈怀涛，2008.《兽医病理学原色图谱》.中国农业出版社）

3.免疫器官发生急性炎症变化　发生败血症时，全身淋巴结肿大、充血或出血，呈现急性淋巴结炎的病变。全身各处的淋巴结肿大、充血、出血，中性粒细胞浸润。组织病理学观察可见淋巴窦的窦壁细胞增生，有时还可见细菌团块或局灶性组织坏死。扁桃体、肠系膜淋巴结和肠相关淋巴组织也呈现轻重不同的水肿、充血、出血、变性或坏死等急性炎症病变，有的出现增生性炎的变化。

4.内脏器官肿胀变质　实质器官（心、肝、肾）外观明显淤血肿大，实质细胞发生不同程度的颗粒变性、空泡变性、透明变性或（和）脂肪变性等退行性变化，严重者发生点状或片状坏死。有的发生明显的变质性炎症变化。有些疾病，肾小球血管基底膜上有免疫复合物沉着，肾小管上皮发生明显的空泡变性或透明变性。肺常常发生明显的淤血、水肿或伴发出血性支气管炎的变化。

九、肿瘤

肿瘤是机体在各种致瘤因子作用下，局部组织细胞的过度增生和异常分化而形成的新生物，常表现为肿块或组织器官弥漫性肿大，但血液中弥漫性浸润性生长的肿瘤细胞无肿块形成，如白血病。肿瘤细胞的形态、代谢和功能都异常，并在不同程度上失去了分化成熟的能力。

1. 肿瘤的形状 肿瘤的形状多种多样，这与其发生部位、组织来源和肿瘤的良恶性密切相关。发生在体表或器官表面的良性肿瘤常呈结节状、乳头状、分叶状或息肉状等；发生在皮肤、黏膜的良性肿瘤常呈结节状、菜花状或息肉状等；实质器官内的良性瘤常呈结节状（图3-70至图3-73）。恶性肿瘤除上述形状外，常伴有出

图3-70 肝肿瘤
禽J型白血病，肝肿大，密布细小的灰白色肿瘤结节
（陈怀涛，2008.《兽医病理学原色图谱》. 中国农业出版社）

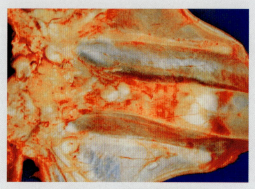

图3-71 龙骨腹面肿瘤结节
禽J型白血病，龙骨腹面见多个灰白色肿瘤结节
（陈怀涛，2008.《兽医病理学原色图谱》. 中国农业出版社）

图3-72 肝肿瘤
马立克病，肝有多个巨大的肿瘤结节，结节周围无包膜
（陈怀涛，2008.《兽医病理学原色图谱》. 中国农业出版社）

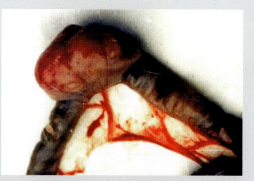

图3-73 小肠肿瘤
马立克病，小肠壁上有一个巨大的肿瘤结节
（陈怀涛，2008.《兽医病理学原色图谱》. 中国农业出版社）

血、坏死、溃疡或炎症。良性肿瘤大多呈膨胀性生长，多有包膜；恶性肿瘤大多呈浸润性生长，其边界不清楚，且形状不定。也有些肿瘤呈弥漫性增生而不形成肿块，肉眼不可见，如白血病，肿瘤细胞在骨髓和血液中弥漫性浸润，无肿块形成，形成的新生物仅在显微镜下可以见到。

2.肿瘤的颜色 肿瘤的颜色与肿瘤的种类和组织结构有关。一般肿瘤的切面多呈灰白或灰红色，但可因其有无变性、坏死、出血，是否含有色素等而呈现各种不同的颜色。如血管瘤多呈红色或暗红色，脂肪瘤呈黄色或白色，黑色素瘤多呈黑色或灰黑色，平滑肌瘤呈灰红色（图3-74）。

3.肿瘤的硬度 肿瘤一般较其来源组织的硬度大，其硬度与肿瘤的种类、实质与间质的比例，以及有无变性、坏死等有关。如骨瘤与软骨瘤质硬，纤维素瘤质硬，脂肪瘤或黏液瘤质较软。

图3-74　趾部血管瘤

血管瘤病，切开血管瘤流出暗红色血液和血块（陈怀涛，2008.《兽医病理学原色图谱》. 中国农业出版社）

第三节　病原学基础知识

本节主要介绍与家禽屠宰检验检疫有关的动物病原学基础知识。这里的病原主要指引起家禽发病的微生物和寄生虫。

一、病原微生物学基础知识

微生物是个体最小的生物，繁殖快、分布广、结构简单。有的是真核生物，如酵母菌；有的是原核生物，如细菌、支原体；有的是非细胞形态的病毒等。微生物种类很多，有细菌、真菌（包括霉菌和酵母菌）、放线菌、螺旋体、支原体、立克次体、衣原体和病毒等。

（一）细菌

细菌是原核生物界中的一大类单细胞微生物，它们个体微小，形态和结构简单，没有真正的核膜。

1.细菌的形态 细菌的形态比较简单，有球状（如双球菌、链球菌和葡萄球菌）、杆状（如结核分枝杆菌、大肠杆菌）和螺旋状（如霍乱弧菌）3种基本形态及某些其他形态。

2.细菌的大小 细菌介于动物细胞与病毒之间，通常以微米（μm）为单位。球菌直径0.5～2 μm；杆菌和螺形菌用长和宽表示，杆菌长0.7～8 μm，宽0.2～1.25 μm；螺旋菌以其两端的直线距离作长度，一般长2～20 mm，宽0.4～1.2 mm。

3.细菌的基本结构 细菌细胞的基本结构包括细胞壁、细胞膜、细胞质、拟核等（图3-75）。

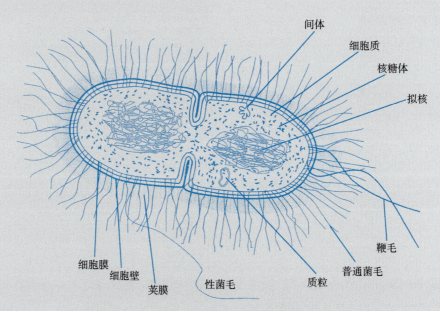

图3-75 细菌细胞结构模式图
（陆承平，2022.《兽医微生物学》. 6版. 中国农业出版社）

（1）细胞壁 细胞壁位于细菌细胞的外围，是一层坚韧而具有一定弹性的膜状结构，主要是维持细菌外形和提高机械强度，保护细菌耐受低渗环境。用革兰氏染色法可以将细菌分为革兰氏阳性菌和革兰氏阴性菌两大类。

（2）细胞膜 细胞膜又称细胞质膜，位于细胞壁内面，包围在细胞质的外面，是一层富有弹性的半透性薄膜。细菌细胞膜上分布有多种酶，参与细胞的呼吸、能量代谢及生物合成等，参与细胞内外的物质转运、交换，维持细胞内正常渗透压，合成细胞壁、荚膜的各组分等。细胞膜受到损伤，会导致细菌死亡。

（3）细胞质 细胞质通常指细菌细胞膜内包围的、除拟核以外的所有物质，是一种无色透明、均质的黏稠胶体，是细菌进行营养物代谢，以及合成核酸和蛋白质的场所。细胞质中含有核糖体、质粒、间体，以及各种内含物。

（4）拟核 拟核是一个共价闭合环状的双链大型DNA分子，多分布于菌体中央，含细菌的基因，其功能是控制细菌的遗传和变异，与真核细胞的染色体相似，所以通常也将拟核称为细菌的染色体。

4.细菌的特殊结构 细菌细胞除具有基本结构外，有的细菌在一定条件下还能形成荚膜、鞭毛、S层、芽孢等具有特殊功能的结构。

（1）荚膜 荚膜具有保护细菌的功能，可抵抗动物吞噬细胞的吞噬和抗体的作用，从而对宿主具有侵袭力。荚膜是某些致病菌重要的毒力因子，如鸡巴氏杆菌强毒株带有荚膜。

（2）鞭毛 鞭毛有规律地收缩引起细菌运动，是细菌的运动器官。细菌细胞膜上有许多接收特异信号的受体，使细菌的运动具有趋向性，向有营养物质处前进，遇有害物质则逃离。

（3）S层 S层是一种最简单的生物膜，其功能除作为分子筛和离子通道外，还具有类似荚膜的保护屏障作用，能抵抗噬菌体、蛭弧菌及蛋白酶。

（4）芽孢 芽孢是在一定条件下，部分革兰氏阳性菌的菌体内形成的一种休眠体。芽孢呈圆形或椭圆形，结构坚实，通透性低，有较强的抵抗力，可存活数年甚至数十年，增加了致病风险，如炭疽杆菌。

（二）真菌

真菌是一类真核微生物，有复杂的分类系统。一般从形态上分为酵母菌、霉菌及担子菌三大类，前二者对动物有致病性。真菌与细菌的大小、形态、结构及化学组成差异很大，单细胞个体比细菌大几倍至几十倍，具有细胞壁。

1.酵母菌 酵母菌呈圆形、椭圆形、腊肠形和瓶形，大小为 $(1 \sim 5)\ \mu m \times (5 \sim 30)\ \mu m$，具有典型的细胞结构（包括细胞壁、细胞膜、细胞质、细胞核和内含物）（图3-76）。

2.霉菌 霉菌菌落大而蓬松，呈绒毛状、絮状等，菌丝的细胞结构基本与酵母菌相似，其生长是由菌丝顶端细胞的不断延伸而实现的。霉菌菌丝分为无隔膜和有隔膜两种（图3-77），呈长管状分支，呈多核单细胞状态，有隔菌丝由分支成串的多细胞组成。

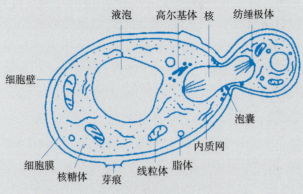

图3-76　酵母菌细胞结构

（陆承平，2022.《兽医微生物学》. 6版.中国农业出版社）

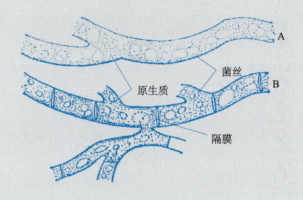

图3-77　霉菌的两种菌丝

A.无隔膜菌丝　B.有隔膜菌丝

（陆承平，2022.《兽医微生物学》. 6版.中国农业出版社）

真菌能够在粮食或饲料上生长，从而产生毒素，人和畜禽食用后可导致真菌性急性或慢性中毒。例如，曲霉菌病是禽类最常见的真菌病。

（三）病毒

动物病毒种类繁多，多数对宿主有致病作用，可引起疫病流行，常造成重大损失。例如，高致病性禽流感、鸡新城疫等。有的则可引致肿瘤，如鸡马立克病病毒、禽白血病病毒等。

1.病毒的形态和大小　病毒一般以病毒颗粒或病毒子的形式存在，具有一定的形态结构以及感染性。病毒颗粒的形态有多种，多数为球状，少数为杆状、丝状或子弹状，有的为多形性。病毒颗粒极其微小，测量单位为纳米（nm），用电子显微镜才能观察到。最大的痘病毒直径约300 nm，最小的圆环病毒直径仅17 nm。

2.病毒的结构 病毒结构简单，病毒颗粒主要由核酸和蛋白质组成，中心是核酸，外面为衣壳（图3-78）。由核酸组成的芯髓被衣壳包裹，衣壳与芯髓组成了核衣壳。有些病毒的核衣壳外面包裹着由脂质和糖蛋白构成的囊膜。囊膜具有病毒种、型特异性，是病毒鉴定、分型的依据之一。

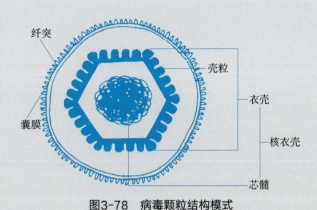

图3-78 病毒颗粒结构模式

（陆承平，2022.《兽医微生物学》. 6版.中国农业出版社）

3.病毒的化学组成 病毒的化学组成包括核酸、蛋白质、脂质与糖类，前两种为主要成分。

（1）**核酸** 病毒的核酸分为DNA或RNA两大类，二者不同时存在，核酸又可分单股或双股、线状或环状、分节段或不分节段。核酸携带病毒全部的遗传信息，为病毒的感染、复制、遗传和变异提供遗传信息。

（2）**蛋白质** 蛋白质为病毒的主要成分，具有特异性。病毒蛋白可分为结构蛋白和非结构蛋白。组成病毒的蛋白称为结构蛋白，病毒组分之外的蛋白为非结构蛋白。

（3）**脂质与糖类** 病毒的脂质和糖类均来自宿主细胞。脂质主要存在于病毒的囊膜。利用脂溶剂可去除囊膜中的脂质，使病毒失活，用以处理和检测病毒，并可确定病毒有无囊膜结构。糖类一般以糖蛋白的形式存在，是某些病毒纤突的成分，如流感病毒的血凝素（HA）、神经氨酸酶（NA）等，它们与病毒吸附细胞受体有关。

（四）微生物的检测

1.细菌的检测 细菌形态微小，经染色后，用光学显微镜才可观察到。染色方法有单染和复染法。

(1) 单染法　单染法是采用一种染料对细菌进行染色，如美蓝染色法，操作简单易行，可观察细菌的形态、大小与排列，但不能显示细菌的结构与染色特性。

(2) 复染法　复染法是利用两种或两种以上的染料对细菌进行染色，用于观察细菌的形态、大小，鉴别不同染色特性，如革兰氏染色、瑞氏染色、抗酸染色和特殊染色（如芽孢、鞭毛、荚膜染色）等。革兰氏染色是最常用的染色方法，革兰氏阳性菌在显微镜下观察呈紫色，如金黄色葡萄球菌、单核细胞增生李斯特氏菌等；革兰氏阴性菌在显微镜下观察呈红色，如大肠杆菌、沙门氏菌等。

除了形态学观察，细菌检测的方法还包括分离培养、生化鉴定、血清学和分子学鉴定等。

2.真菌的检测　真菌的检测与细菌相似，真菌的形态往往具有特征性，检查其菌丝或孢子即可做出诊断。显微镜检查可做抹片检查或湿标本片检查。抹片检查时，可采集组织、体液、脓汁及离心沉淀材料等做成抹片，以吉姆萨染色法或其他适宜方法染色，检查真菌细胞、菌丝、孢子等结构。

3.病毒的检测　常用的方法是病毒的分离与鉴定，包括病料的采集、接种与培养、形态学观察、理化特性测定、血清学和分子学鉴定等基本过程。电子显微镜技术可直接观察到样本中的病毒粒子。

二、寄生虫学基础知识

动物寄生虫学主要研究常见寄生虫病的病原形态特征、生活史、流行病学特征、症状、病理变化、诊断、防控等。现主要介绍寄生虫与宿主等基础知识。

（一）寄生虫的种类

寄生虫是指暂时或永久地寄生在宿主体内或体表，并从宿主身上获取其所需营养物质的动物。寄生虫的种类繁多，按其形态可分为原虫（如鸡球虫）、绦虫（如鸡绦虫）、线虫（如蛔虫）、棘头虫（如鸭多型棘头虫）、吸虫（如卵型前殖吸虫），其中后4类均属蠕虫。

（二）宿主的类型

宿主是指为寄生虫提供生存环境和营养的动物。寄生虫发育过程较为复杂，有的不同发育阶段寄生于不同的宿主，主要有终末宿主和中间宿主，还有保虫宿主、贮藏宿主等。

1.终末宿主　终末宿主是指寄生虫的成虫或者有性生殖阶段所寄生的动物。终末宿主通常为寄生虫提供长期稳定的寄生环境。禽类线虫的终末宿主通常是禽类本身。

2.中间宿主　中间宿主是指寄生虫的幼虫、童虫或无性生殖阶段所寄生的动物。中间宿主为寄生虫提供营养和保护，但寄生虫不能在中间宿主体内发育为成虫。如蚱蜢、蟑螂和蚯蚓都可能是禽类线虫的中间宿主。

（三）寄生虫的生活史

寄生虫的生活史是指寄生虫生长、发育和繁殖的一个完整循环过程，也称为发育史。寄生虫发育史分为直接发育和间接发育两种类型，直接发育型不需要中间宿主，间接发育型则需要中间宿主。如鸡球虫只需要一个宿主，生活史包括在宿主体内的发育阶段和在外界的发育阶段。寄生虫的生活史可以分为若干个阶段，每个阶段的虫体有不同的形态特征和生物学特征（如寄生部位、致病作用不同）。

（四）寄生虫的感染来源及途径

寄生虫的感染来源及途径与寄生虫的种类、宿主排出病原有关。宿主排出寄生虫途径取决于侵入门户、寄生虫特异性定位和可能的传播条件。多数寄生虫寄生于宿主的消化道，也见于呼吸系统，常以虫卵或幼虫的形式随宿主的排泄物排出，进入自然界，进而造成新的感染。例如，鸡通过摄入有活力的鸡球虫孢子化卵囊而感染，被粪便污染过的饲料、饮水或器具等都有卵囊的存在。

（五）寄生虫对宿主的作用

寄生虫寄生于宿主的组织器官，可引起以下损害作用：①掠夺宿主营养，如蛔虫以宿主体内消化状态的食物为营养；②机械性损害，如发生鸡绦虫病时，虫体积聚会造成肠腔的堵塞，甚至破裂；③虫体毒素和免疫损伤作用；④继发感染，寄生虫感染后常造成机体免疫力下降，继发感染其他疾病。

三、家禽屠宰检验检疫涉及的病原

（一）家禽屠宰检验检疫涉及的病原

《家禽屠宰检疫规程》规定的检疫对象有6种，其中5种病由病原微生物引起，1种由寄生虫引起，病原分类及主要特点不同（表3-1）。

表3-1　家禽屠宰检疫相关病原

序号	病原	病原分类及主要特点	所致疾病
1	禽流感病毒	流感病毒属，A型流感病毒，单股负链RNA病毒，有囊膜，典型的球形粒子，直径为80～120 nm	高致病性禽流感
2	新城疫病毒	腮腺炎病毒属，有囊膜，单股负链RNA病毒，一般为球形，直径为100～300 nm	新城疫

（续）

序号	病原	病原分类及主要特点	所致疾病
3	鸭瘟病毒	马立克病毒属，线性双股DNA病毒，球形，有囊膜，直径120～180 nm	鸭瘟
4	马立克病病毒	马立克病毒属，线性双股DNA病毒，核衣壳呈20面体对称，病毒存在无囊膜和有囊膜两种形式	马立克病
5	禽痘病毒	禽痘病毒属，线性双股DNA病毒，成熟病毒呈砖形或卵圆形，大小为250 nm×350 nm	禽痘
6	艾美耳球虫	艾美耳属，寄生于小肠或盲肠，卵囊呈卵圆形，孢子化卵囊中含有4个孢子囊，孢子囊中有2个子孢子	鸡球虫病

（二）畜禽屠宰质量安全检测的病原微生物

农业农村部发布的《畜禽屠宰质量安全风险监测计划》（农办牧〔2024〕10号）规定了冷却肉和热鲜肉中菌落总数、大肠菌群、沙门氏菌，猪肉表面和屠宰环境中沙门氏菌、金黄色葡萄球菌和单核细胞增生李斯特氏菌。家禽的屠宰面临同样的质量安全风险，广泛存在于自然界、屠宰环境、加工设备中的病原微生物的监测也必不可少。沙门氏菌、致泻大肠埃希氏菌、金黄色葡萄球菌和单核细胞增生李斯特氏菌在屠宰环节中污染肉品机会多，可通过食物链、粪口途径感染人，引起食源性传染病和食物中毒，成为肉品微生物学检验、屠宰质量安全风险监测中的重要食源性致病菌。这4种食源性细菌的分类及形态结构见表3-2。

表3-2　4种食源性细菌的分类及形态结构

序号	细菌名称	分类、染色特性和形态结构
1	沙门氏菌	沙门氏菌属，革兰氏阴性，直杆菌，无芽孢和荚膜，大多有鞭毛和菌毛
2	致泻大肠埃希氏菌	埃希氏菌属，革兰氏阴性，直杆菌，有鞭毛和菌毛，有荚膜，无芽孢
3	金黄色葡萄球菌	葡萄球菌属，革兰氏阳性，圆形或卵圆形，无芽孢、无鞭毛，有的形成荚膜
4	单核细胞增生李斯特氏菌	李斯特菌属，革兰氏阳性，短杆菌，无荚膜、无芽孢，多单在，也有呈短链或Y形排列

第四节　屠宰家禽主要疫病的检疫

　　家禽屠宰检疫分为宰前检查和宰后检查（同步检疫）两个环节，宰前检查可参照《家禽产地检疫规程》中临床检查的内容实施，观察家禽有无疫病的特征性临床症状，宰后检查按《家禽屠宰检疫规程》规定，对家禽的屠体（包括体表、冠和髯、眼、爪）及抽检的个体样本进行检查，注意观察有无特征性病理变化及寄生虫，农业农村部规定需要进行实验室疫病检验或快速检测的项目应按照有关规定执行。《家禽屠宰检疫规程》规定家禽的检疫对象包括6种疫病，其特征见表3-3。

表3-3　屠宰家禽主要传染病（包括寄生虫病）的特征

检疫对象			特征（鉴别要点）	
疫病名称	别名或俗称	疫病分类	宰前检查（临床症状）	宰后检查（病理变化）
高致病性禽流感	真性鸡瘟（旧称）、A型流感	一类	病禽极度沉郁，面部水肿，呼吸困难，冠和肉髯肿胀、发绀、出血，脚鳞出血，腹泻，出现神经症状	头部变化同宰前；病禽全身浆膜和黏膜出血、坏死
新城疫	亚洲鸡瘟、伪鸡瘟	二类	呼吸困难、冠髯紫黑，腹泻、神经紊乱	黏膜和浆膜出血，尤以腺胃黏膜、小肠的出血点、溃疡和坏死最为严重
鸭瘟	鸭病毒性肠炎、鸭肠炎、大头瘟	三类	高热、流泪，眼睑水肿；两翅下垂，两腿麻痹，走动困难；部分病鸭头颈部肿胀，严重的头颈变成同样粗细	多组织器官出血，食管有假膜性坏死性炎症，泄殖腔黏膜充血、出血、水肿和覆盖假膜
马立克病	神经淋巴瘤病、传染性肿瘤病	三类	消瘦、运动失调、跛行、麻痹，蹲伏呈"劈叉"姿势；腹泻，皮肤结节及瘤状物；虹膜褪色，单侧或双眼灰白色混浊	外周神经水肿、增粗、横纹消失、呈灰白色或淡黄色，外周神经与包括虹膜、肌肉、皮肤在内的各种脏器、组织出现单核细胞浸润和肿瘤病灶，法氏囊和胸腺萎缩
禽痘	白喉	三类	头部皮肤痘疹，多见于冠、肉髯、喙角和眼的皮肤，也可在泄殖腔等周围出现；鼻、眼有分泌物，面部肿胀，呼吸困难	口腔、食道、喉或气管黏膜出现白色结节或黄白色假膜病变

（续）

检疫对象			特征（鉴别要点）	
疫病名称	别名或俗称	疫病分类	宰前检查（临床症状）	宰后检查（病理变化）
鸡球虫病		三类	病鸡衰弱和消瘦，运动失调，翅膀下垂，腹泻并排出血便	盲肠和小肠病变严重，肠段肿大、肠壁发炎增厚或黏膜上可见白色斑点和大量出血点等，不同种类球虫肠段病变部位略有差异

一、高致病性禽流感

高致病性禽流感（HPAI）是由A型流感病毒引起的禽的一种急性、烈性传染病。特征为病禽呼吸困难，面部水肿，全身浆膜和黏膜出血。该病传染性强，严重危害养殖业，且可以感染人，引起人发病和死亡。世界动物卫生组织（WOAH）将其列为必须报告的动物传染病，我国将其列为一类动物疫病。

（一）宰前检查

高致病性禽流感常突然暴发，死亡率高，流行初期部分病禽症状不明显而突然死亡。病禽极度沉郁，有的病禽神经紊乱，出现歪脖、跛行及抽搐等神经症状（图3-79、图3-80）。头部和眼睑水肿，鼻分泌物增多，喙色暗红，鼻腔出血，严重的可引起窒息（图3-81）。冠和肉髯肿胀、发绀、出血、坏死，腿部及脚鳞出血，腹泻（图3-82）。

图3-79 鸡高致病性禽流感
精神沉郁、有神经症状

图3-80 鸭高致病性禽流感
站立不稳、扭颈、震颤、转圈等系列神经症状

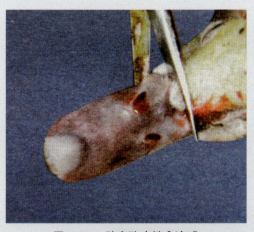

图3-81 鸭高致病性禽流感
喙色暗红、鼻腔出血
（陈鹏举等，2012.《鸭鹅病诊治原色图谱》）

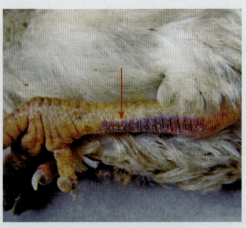

图3-82 鸡高致病性禽流感
腿部皮肤出血

（二）宰后检查

病禽最常见的宰后病变是消化道、呼吸道及全身组织器官的浆膜和黏膜严重出血和坏死，尤其以腺胃乳头、肌胃角质膜下层、十二指肠、心外膜、胸肌出血最严重（图3-83、图3-84）。头部发绀，口腔及鼻腔积有黏液并混有血液，眼周围、耳和肉髯皮下水肿，有黄色胶样液体，肺充血或出血。肝、脾、肺、肾有灰黄色小坏死灶，可见心包积液，心肌组织和胰腺局灶性坏死（图3-85）。输卵管的中部可见乳白色分泌物或凝块（图3-86），卵泡充血、出血、萎缩、破裂，有的可见卵黄性腹膜炎。

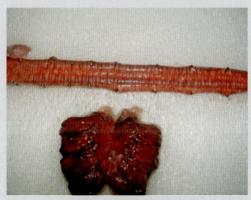

图3-83 鸡高致病性禽流感
气管和肺出血、水肿

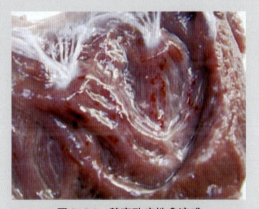

图3-84 鹅高致病性禽流感
心内膜有鲜红条状和斑状出血
（王永坤等，2015.《禽病诊断彩色图谱》）

图3-85 鸭高致病性禽流感

心肌坏死、心包积液

（崔恒敏，2015.《鸭病诊疗原色图谱》）

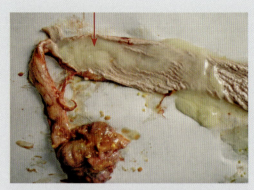

图3-86 鸡高致病性禽流感

输卵管炎，输卵管的中部可见增多的乳白色分泌物

确诊应按照《高致病性禽流感防治技术规范》《高致病性禽流感诊断技术》（GB/T 18936）进行实验室检测。

二、新城疫

新城疫（ND）是由新城疫病毒强毒株引起的一种急性、热性、接触性传染病，可感染多种禽类。特征为呼吸困难、冠髯紫黑、腹泻、神经紊乱、黏膜和浆膜出血。该病是危害养禽业重要的疾病之一，WOAH将其列为必须报告的动物传染病，我国现将其列为二类动物疫病。

（一）宰前检查

病鸡体温升高，急性型病鸡体温高达43 ~ 44 ℃，食欲减退或废绝，有渴感。精神沉郁，缩颈闭眼或翅膀下垂，鸡冠和肉髯暗红色或暗紫色。有的病鸡出现神经症状，如翅、腿麻痹或头颈歪斜等（图3-87）。产蛋减少或停止，有时产软壳蛋。随后出现典型临床症状，如咳嗽、呼吸困难（图3-88），口腔和鼻腔分泌物增多，常伸

图3-87 鸡新城疫

神经症状：观星状姿势

图3-88 鸡新城疫

呼吸困难

头，张口呼吸并发出"咯咯"的喘鸣声或尖锐的叫声。嗉囊肿胀，倒提时常有大量酸臭液体从口内流出。病鸡粪便为黄绿色稀粪，有时混有血液。少数鸡突然发病，死亡前无任何症状。

（二）宰后检查

病鸡宰后病变主要表现在全身黏膜和浆膜出血，以呼吸道和消化道最为严重。其特征性病理变化是腺胃黏膜水肿，腺胃乳头和乳头间有出血点，或有溃疡和坏死（图3-89）。整个肠道发生出血性卡他性炎症，重症病例可见肠黏膜出血和坏死，并形成溃疡，尤以十二指肠、空肠和回肠最为严重（图3-90、图3-91）。脑膜充血和出血，有的心冠脂肪、心外膜及心尖脂肪上有针尖状小出血点。鼻道、喉、气管黏膜充血，偶有出血，肺可见淤血和水肿。

图3-89 鹅新城疫
腺胃黏膜有鲜红出血点、出血斑
（王永坤等，2015.《禽病诊断彩色谱图》）

图3-90 鸡新城疫
小肠黏膜出血、溃疡，形成岛屿状坏死溃疡灶

图3-91 鹅新城疫
肠道黏膜有弥漫性淡黄色纤维素性结节
（王永坤等，2015.《禽病诊断彩色谱图》）

确诊应按照《新城疫防治技术规范》《新城疫诊断技术》（GB/T 16550）进行实验室检测。

三、鸭瘟

鸭瘟（DP）是由鸭瘟病毒引起的鸭、鹅及其他雁形目禽类的一种急性、热性、败血性、接触性传染病。特征为病鸭流泪，眼睑水肿，多组织器官出血，食管有假膜性坏死性炎症，泄殖腔黏膜充血、出血、水肿和覆盖假膜。该病传染迅速，发病率和病死率都很高。我国将其列为二类动物疫病。

（一）宰前检查

病禽体温升高达43 ℃以上，呈稽留热，精神委顿，食欲减退或停食，两翅下垂，两腿麻痹，走动困难，严重者卧地不动（图3-92）。病鸭流泪，眼睑水肿，严重者眼睑翻出于眼眶外，结膜充血或有出血点，甚至形成小溃疡，鼻流稀薄或黏稠分泌物，呼吸困难，叫声粗厉（图3-93）。部分病鸭头颈部肿胀，严重的头颈变成同样粗细，俗称"大头瘟"（图3-94）。病鸭出现腹泻症状，排出绿色或灰白色稀粪，泄

图3-92 鸭瘟
病鸭精神委顿、两翅下垂、伏坐于地、呼吸困难、腹泻

殖腔黏膜充血、出血、水肿和覆盖假膜。个别病鹅表现有神经症状，头颈向背上扭转，不久即死亡。

图3-93 鸭瘟
病鹅流泪、眼睑水肿
（陈国宏，2013.《中国养鹅学》）

图3-94 鸭瘟
头部肿大

（二）宰后检查

病鸭宰后病变表现在全身皮肤散布有出血斑点，有时连成大块的出血斑，头颈肿胀的病例皮下组织呈明显的出血性胶样浸润（图3-95）。食管和口腔黏膜（主要是舌根后面的咽部和上腭黏膜）被覆一层灰黄色或淡黄褐色的假膜，剥去假膜可见不规则的出血性溃疡（图3-96）。泄殖腔黏膜充血、出血、水肿和覆盖假膜（图3-97）。病禽血管损伤后导致多组织器官出血，肝、脾等器官有大小不等的出血点和坏死灶（图3-98）。确诊应按照《鸭病毒性肠炎诊断技术》（GB/T 22332）进行实验室检测。

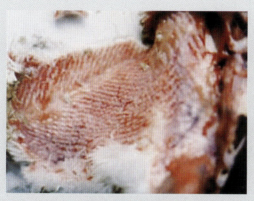

图3-95　鸭瘟
病鹅皮肤充血、出血
（王永坤等，2015.《禽病诊断彩色谱图》）

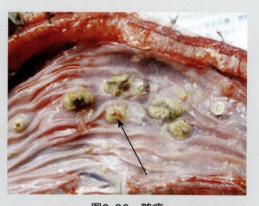

图3-96　鸭瘟
病鹅食道黏膜病变，有散在性大小不一、灰黄色坏死
物形成的突出于表面圆形或椭圆形结痂病灶
（王永坤等，2015.《禽病诊断彩色谱图》）

图3-97　鸭瘟
病鸭肛门肿胀，泄殖腔充血、水肿、有出血点，粪便
呈绿色或灰白色

图3-98　鸭瘟
病鹅肝有大小不一鲜红色和褐色出血斑
（王永坤等，2015.《禽病诊断彩色谱图》）

四、马立克病

马立克病（MD）是由马立克病病毒引起的一种鸡传染性肿瘤性疾病，是最常见的一种淋巴组织增生性传染病。特征为病鸡外周神经和包括虹膜、肌肉、皮肤在内的各种脏器、组织出现单核细胞浸润和形成肿瘤病灶。我国目前将其列为三类动物疫病。

（一）宰前检查

1.神经型　该病毒主要侵害外周神经，病鸡运动失调、一侧或两侧肢体发生麻痹。因侵害的神经不同而表现出不同的临床症状，翅膀下垂、头下垂或头颈歪斜（图3-99），最常见坐骨神经受侵害，而导致病鸡步态不稳、跛行，蹲伏呈劈叉姿势（图3-100）。

图3-99　鸡马立克病

翅膀麻痹，翅下垂

（杜元钊摄）

（崔治中等，2003.《禽病诊治彩色图谱》. 中
国农业出版社）

图3-100　鸡马立克病

坐骨神经麻痹，瘫痪或呈劈叉姿势

（杜元钊摄）

（崔治中等，2003.《禽病诊治彩色图谱》. 中国农业出版社）

2.内脏型　病鸡精神萎靡、食欲减退、消瘦（图3-101）、腹泻、体重减轻，死亡率较高。

图3-101　鸡马立克病

消瘦

3.皮肤型　颈、背、翅、腿和尾部形成大小不一的结节及瘤状物等。

4.眼型　较少见，虹膜褪色，单侧或双眼灰白色混浊所致的白眼病（瞳孔小）或失明，瞳孔边缘不整。

（二）宰后检查

病鸡最主要的宰后病变体现在外周神经，被侵害的神经水肿，常发生于翅神经丛、坐骨神经丛、腰荐神经和颈部迷走神经等处，病变神经增粗2～3倍，横纹消失（图3-102），呈灰白色或淡黄色，有时可见神经淋巴瘤。内脏器官最常被侵害的是卵巢，肝、脾、胰、睾丸、肾、肺、腺胃和心脏等脏器也可出现广泛的结节性或弥漫性肿瘤（图3-103），法氏囊和胸腺萎缩。眼部最常见的病变是虹膜单核细胞浸润，失去正常色素，呈同心环状或斑点状，瞳孔边缘不整，严重时只剩下一个针尖大小的孔（图3-104）。也可见毛囊肿大，大小不等，融合在一起，形成淡白色结节，在拔除羽毛后这一症状尤为明显。

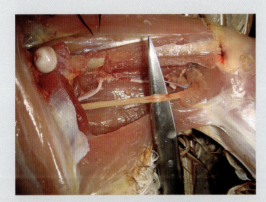

图3-102　鸡马立克病
坐骨神经肿大、水肿、横纹消失

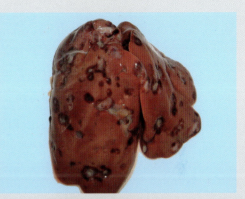

图3-103　鸡马立克病
肝肿大、肿瘤

图3-104　鸡马立克病
虹膜病变，呈同心环状或斑点状甚至弥漫的灰白色
（杜元钊摄）
（崔治中等，2003.《禽病诊治彩色图谱》. 中国农业出版社）

确诊应按照《马立克氏病防治技术规范》《鸡马立克氏病诊断技术》（GB/T 18643）进行实验室检测。

五、禽痘

禽痘是由禽痘病毒引起的禽类和鸟类的一种急性、热性、高度接触性传染病。特征为体表无毛处皮肤出现痘疹（皮肤型），或上呼吸道、口腔和食管部黏膜形成纤维素性坏死性假膜（白喉型）。我国将其列为三类动物疫病。

（一）宰前检查

禽痘可分皮肤型、黏膜型（白喉型）、混合型和败血型4种。

皮肤型以头部皮肤痘疹为特征，多见冠、肉髯、喙角和眼的皮肤出现痘疹，也可在腿、胸、翅内侧、泄殖腔周围形成痘疹（图3-105、图3-106）。鸡痘结节隆起于皮肤上先形成灰色麸皮状物，表面不平，再形成干而硬的结节，随后变为黄色或深棕色片状痂块，脱落后可形成疤痕。黏膜型病初可见病禽鼻、眼有分泌物（图3-107），面部肿胀，咳嗽，呼吸困难，随后可在口腔和咽喉黏膜形成纤维素性坏死性炎症，常形成假膜，又称禽白喉。混合型即兼有皮肤型、黏膜型2种病变。败血型极为少见，可出现全身症状，继而发生肠炎。

图3-105　禽痘　皮肤型　冠髯痘疹

图3-106　禽痘　皮肤型　头部皮肤痘疹

图3-107　禽痘　黏膜型

（二）宰后检查

皮肤型禽痘，病禽宰后病理变化与宰前相似；黏膜型禽痘，可以在病禽的口腔、食道、喉或气管黏膜观察到白色结节或黄白色假膜病变（图3-108），有的在病禽的肝、肾、心脏、胃肠等处也可观察到病变。

图3-108 禽痘 黏膜型 咽喉部黄白色假膜

六、鸡球虫病

鸡球虫病是由艾美耳属球虫引起的一种原虫病。特征为病鸡衰弱和消瘦，运动失调，翅膀下垂，排出血便，盲肠和小肠病变严重。我国将其列为三类动物疫病。

（一）宰前检查

病禽的突出症状是腹泻并混有血液，以致排出鲜血（图3-109），泄殖腔周围羽毛被稀粪沾污。病鸡精神萎靡，嗜睡，羽毛松乱（图3-110），食欲减退、逐渐消瘦；运动失调，腿和翅发生轻瘫，翅膀下垂，严重者死亡。

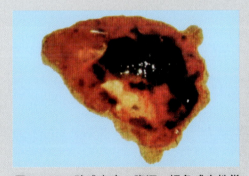

图3-109 鸭球虫病 腹泻、褐色或血性粪便、含有大量脱落的肠黏膜
（崔恒敏，2015.《鸭病诊疗原色图谱》）

图3-110 鸡球虫病
精神萎靡、羽毛松乱

（二）宰后检查

家禽胴体消瘦。宰后病变主要集中在肠管，特别是盲肠（图3-111）或小肠（图3-112、图3-113）病变严重，其程度、性质和病变部位与球虫的种类有关。鸡9种球虫的主要寄生部位及病变特征见表3-4。

图 3-111　鸭球虫病

盲肠肿大，含出血性内容物

（崔恒敏，2015.《鸭病诊疗原色图谱》）

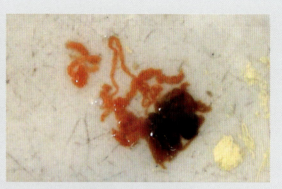

图 3-112　鸡球虫病

小肠出血，肠管中有红色胶冻状内容物

图 3-113　鸡球虫病

小肠黏膜白色结节、出血斑

表 3-4　鸡 9 种球虫的主要寄生部位及病变特征

种类	寄生部位	病变特征	
		宰后检查要点	致病性
柔嫩艾美耳球虫	盲肠	盲肠显著肿大，出血	++++
毒害艾美耳球虫	小肠中段	肠壁发炎增厚、坏死，肠道出血，浆膜层有圆形白色斑点	++++
布氏艾美耳球虫	小肠后段、盲肠	小肠有斑点状出血，黏液增多	+++
巨型艾美耳球虫	小肠	肠壁增厚，肠道出血	++
哈氏艾美耳球虫	小肠前段	肠黏膜卡他性炎、出血，肠壁浆膜有针头大出血点	++
变位艾美耳球虫	小肠前段（延伸到直肠、盲肠）	灰白色圆形卵囊斑，严重感染斑块融合，肠壁肥厚	++
堆型艾美耳球虫	十二指肠和小肠前段	肠壁发炎增厚，肠道出血	+
和缓艾美耳球虫	小肠前段	不明显	+
早熟艾美耳球虫	小肠前 1/3 段	不明显	+

注：++++致病性很强，+++致病性强，++致病性中等，+有致病性。

第五节　家禽肉品品质检验

家禽肉品品质是指家禽屠宰产品的卫生、质量和感官性状。内容主要包括以下6个方面：①家禽健康状况的检查；②动物疫病以外疾病的检验及处理；③病变组织的摘除、修割及处理；④注水或注入其他物质的检验及处理；⑤食品动物中禁止使用的药品及其他化合物等有毒有害非食品原料的检验及处理；⑥肉品卫生状况的检查及处理。本节主要内容为放血不全、胴体异常、内脏异常、气味和滋味异常肉、注水肉检验要点。

一、放血不全

（一）原因

放血不全主要由于家禽患病、疲劳、濒死时生理机能降低，或者宰杀放血技术不良所致。

（二）检验

检验时，注意观察胴体皮肤的色泽和颈部、翅下、胸部等皮下血管充血的情况，以及肌肉新鲜切面的状态。放血不全的禽胴体，皮肤呈红色、暗红色或淡蓝紫色（图3-114），有时鸡冠、肉髯呈紫黑色。皮下血管充血，肌肉切面有血液流出，并有暗红色区域（图3-115）；严重时，全身皮肤呈弥漫性红色，肌肉组织颜色暗红，皮下血管清晰可见，内脏颜色发暗，尤以肝、肾变化最为明显，呈现暗红色（图3-116），肠壁表面血管充盈（图3-117）。

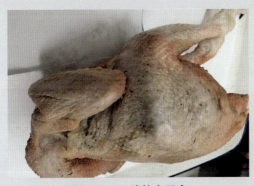

图3-114　鸡放血不全
皮肤呈红色、暗红色或淡蓝紫色

图3-115　鸡放血不全
皮下血管充血、肌肉切面有血液流出

图3-116　鸡放血不全
心脏血管清晰、肝呈现暗红色

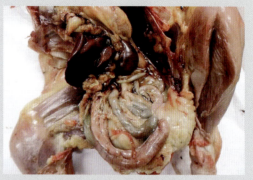

图3-117　鸡放血不全
肠壁表面血管充盈

二、胴体异常

（一）原因

当家禽感染高致病性禽流感、新城疫、鸭瘟、马立克病、禽痘等传染病或寄生虫病时，会引起禽体发育不良、消瘦，胴体呈现出血、痘疹、结痂、脓肿或炎性病灶、败血症等病理变化。捕捉、撞击、外伤、吊挂家禽时导致骨折或局部受损，也可以引起胴体出血。某些维生素或微量元素缺乏、中毒性疾病等会导致家禽生长发育受阻。一些传染病或中毒病还可以导致家禽腹水的发生。此外，其他化学性、物理性及过敏性等因素，也可导致家禽胴体出现异常变化。

（二）检验

1.胴体出血

（1）病原性出血　家禽皮肤、皮下组织、浆膜、黏膜、肌肉有不同程度出血点或出血斑，且有该病原引起的相应组织、器官的特征性病理变化，应考虑相应的传染病和鸡球虫病等，有时局部感染也有出血性变化。病原性出血的时间，可根据鲜红—暗红—紫红—微绿—浅黄的颜色变化顺序来判断。

（2）机械性出血　受机械外力作用，于体表、体腔、肌肉、皮下、腿部和肾旁等部位出现不规则的紫红色条状出血（图3-118）或斑块出血（图3-119）。有时此种出血呈局限破裂性出血，流出的血液蓄积在组织间隙，甚至形成血肿。

（3）电麻性出血　为电麻过深所致，如电麻时电压过大、电流过强、持续时间过长等。此种出血多表现为新鲜放射状出血，以肺最为多见，尤其是在肺膈叶背缘的肺胸膜下有散在的或密集成片的出血变化。

（4）窒息性出血　较为少见，由于缺氧引起。主要见于颈部皮下、胸腺和支气管黏膜等处。表现为静脉怒张，血液呈黑红色，有数量不等的暗红色淤点和淤斑。

图3-118　鸭机械性体表出血

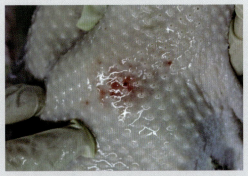

图3-119　鹅机械性出血

2.水肿　水肿主要是皮肤或体腔中组织液的含量增加，家禽以头部和眼睑水肿居多（图3-120），某些传染病或中毒病均可引起。发生水肿时，皮肤肿胀，色泽变浅，失去弹性，皮下组织呈淡黄色胶冻状（图3-121）。黏膜水肿时，可见黏膜呈局限性和弥漫性肿胀。检查时，应判定水肿的性质属于炎性水肿还是非炎性水肿。

图3-120　鹅头部皮下水肿
（王永坤等，2015.《禽病诊断彩色图谱》）

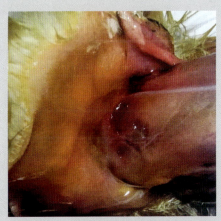

图3-121　鸭皮下组织呈淡黄色胶冻状
（崔恒敏，2015.《鸭病诊疗原色图谱》）

3.脓肿　脓肿是宰后家禽胴体常见的局限性化脓性炎症。其特征为圆球形或近圆球形，外有灰白色包膜，内有黄白色或黄绿色脓汁。当在任何组织器官发现脓肿时，首先应该考虑是否为脓毒败血症，对无包囊而周围有明显炎性反应的新脓肿，一旦查明是转移性的，即表明是脓毒败血症。

4.败血症　败血症是指病原菌进入血液并大量繁殖产生毒素，引起全身广泛性出血和组织损伤的病理过程。败血症常表现为组织器官变性、坏死及炎症变化。家禽胴体放血不良，血凝不良；皮肤、黏膜、浆膜和各种脏器充血、出血、水肿。由化脓性细菌感染引起的败血症，常在器官、组织内发现脓肿或多发性、转移性化脓灶，即脓毒败血症。

5.蜂窝织炎　蜂窝织炎是指皮下或肌间疏松结缔组织发生的一种弥散性化脓性炎症过程。检验时该病变可见于皮下、黏膜下、筋膜下、软骨周围、腹膜下及食管和气管周围的疏松结缔组织，严重时能引起脓毒败血症。

6.胴体肿瘤、痘疹　当皮肤上呈现出结节、瘤状物、痘疹或结痂、疤痕等病灶可考虑是否感染马立克病、禽痘等传染病。

7.体腔积液　检验时腹腔有较多淡黄色腹水，则怀疑腹水综合征、大肠杆菌病、黄曲霉毒素中毒等；若为出血性腹水，则怀疑禽白血病、弯曲杆菌性肝炎等；若腹腔内有纤维素或干酪样渗出物，则可能为大肠杆菌病、鸡毒支原体病、禽霍乱等。

三、内脏异常

（一）心脏病变

心脏的病变包括心包炎、心肌炎、肿瘤等，检查时要注意心包和心脏是否有出血、淤血、粘连、坏死病灶（图3-122）。家禽患有心肌炎时，心脏扩张，心肌呈灰黄色或灰白色，似煮肉状，质地松软；如果感染了禽流感或维生素、硒缺乏，心肌可见灰黄色或灰白色坏死斑块或条纹；化脓性心肌炎时，在心肌内有散在的大小不等的化脓灶。家禽患有心包炎时，如纤维素性心包炎，心包极度增厚，与心脏及周围器官发生粘连，形成"绒毛心"，此时可能感染了大肠杆菌等病原。

图3-122　鹅心脏败血症病变

（二）肝病变

肝是一个常发生病变的器官，除了有传染病（包括寄生虫病）的变化外，还可见到诸多病原性、营养性、代谢性，以及屠宰加工引起的变化。检验时要注意观察肝有无脂肪变性、肝坏死、肝淤血、肝出血（图3-123）、肝萎缩、肝硬

图3-123　鸭病原性肝出血

变、肝脓肿、肝肿瘤、肝胆管扩张等异常变化。

（三）肾病变

除了特定的传染病（包括寄生虫病）引起肾病变外，肾还可见肾肿大、肾脓肿、肾结节状突起、肾出血、肾囊肿、肿瘤、尿酸盐沉积、各种肾炎（肾小球肾炎、间质性肾炎、化脓性肾盂肾炎）等变化。如果肉眼观察脏器病变部位呈白色粉末样物质沉着可怀疑肾尿酸盐沉积（即痛风），该病可发生于人类及多种动物，但以家禽尤其是鸡最为多见（图3-124），与蛋白质特别是核蛋白摄入过多、肾损害、饲养管理不良和遗传等因素有关。

（四）胃肠病变

家禽常见的胃肠变化包括各种胃肠炎、出血（图3-125）、充血、糜烂、溃疡、水肿、化脓、坏死、结节、肿瘤等。如腺胃乳头、小肠黏膜等部位出血，可考虑新城疫、禽流感等疾病；肌胃肌层、小肠壁有结节，考虑马立克病等；小肠黏膜有假膜，考虑鸭瘟、小鹅瘟等病；盲肠黏膜出血、溃疡，肠腔内有血液，考虑球虫病等。

图3-124　鸡内脏型痛风
尿酸盐沉积在肝被膜和心外膜，呈白色

图3-125　鹅肠道败血症病变

四、气味和滋味异常肉

（一）原因

引起肉的气味和滋味异常的原因较多，主要有饲料气味、病理性气味、药物气味，以及肉贮藏于有异味的环境、禽肉发生腐败变质等。产生这些气味的原因可能是家禽食用有特殊浓郁气味或被农药污染的饲料、生前被灌服或注射具有芳香气味或其他异常气味的药物、宰前患有某些疾病等。比如，动物生前发生有机磷中毒时宰后肉品可闻到大蒜味，禽屠宰前用过有芳香气味的药物宰后局部肌肉和脂肪可能有药物异味。

（二）检验

通过嗅闻禽肉（图3-126），检查有无异味，必要时采用煮沸肉汤试验（图3-127），检验肉汤的气味和滋味。

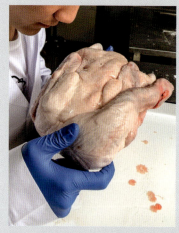

图3-126　鹅肉的气味检验（示例）

图3-127　鹅肉的肉汤检验（示例）

五、注水肉

（一）原因

注水禽肉通常是向活禽体内灌水后屠宰的肉，或者屠宰加工过程中向屠体、胴体肌肉中注水后的肉，或者直接将家禽胴体放入水中浸泡的肉，或者在分割肉中掺水后冷冻的肉。注水禽肉水分含量增加，被注入的水常不清洁，有时甚至为了增稠保水还注入其他物质，这不仅直接侵害了消费者的经济利益，还严重影响肉品安全，甚至威胁到食用者的健康。因此，我国明确规定禁止向屠宰家禽、相关产品注水或注入其他物质。

（二）检验

1. 感官检验　主要采用视检、触检、剖检检查禽肉的色泽、组织状态和弹性、切面状态。注水禽肉肌肉组织肿胀，肌纤维突出明显，表面湿润、光亮，颜色变浅；缺乏弹性，指压凹陷往往不能完全恢复或恢复较慢（图3-128）；按压切面常有血水流出。注水冻禽肉稍解冻时，可见大腿内侧坚硬，切开后可见冰块，有时翅根内也有冰块，体腔也有类似变化；解冻后，有大量血水流出（图3-129）。

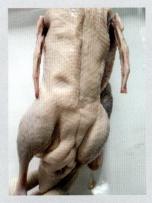

图 3-128　鸭注水肉
肌肉缺乏弹性，指压凹陷往往不能完全
恢复

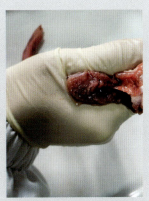

图 3-129　鸭注水肉
肌肉切面有大量血水流出

2.理化检验　疑似注水肉的，送实验室做水分含量检测确定。水分含量检测按照《畜禽肉水分限量》（GB 18394）规定的方法执行（参见第五章）。

第六节　肉品污染与控制

家禽在养殖及屠宰加工中，可能感染某种病原微生物或受到有毒有害物质污染，从而传播动物疫病，引起肉的腐败变质，导致肉品品质及食用安全性降低，影响肉品工业及养殖业的发展以及消费者健康。作为兽医卫生检验人员，应了解有关肉品污染的基础知识，加强屠宰肉品品质检验，确保家禽屠宰产品质量安全。

一、肉品污染的概念

（一）肉品污染

肉品污染是指有毒有害物质介入肉品的现象或过程。有害因素主要包括微生物、兽药、农药、重金属、食品添加剂等。此外，家禽屠宰加工中骨屑、羽毛、血污、粪污等也可造成肉品污染。

（二）肉品卫生

肉品卫生是指为确保肉品安全性和食用性在食品链的所有阶段必须采取的一切

措施。屠宰企业应当建立完善的卫生管理制度，注重设备、人员和环境卫生，从而保证肉品清洁卫生。

（三）肉品安全

肉品安全是指肉品必须无毒、无害，符合应当有的营养要求，对人体健康不造成任何急性、亚急性或者慢性危害。肉品安全是对肉品按其原定用途进行制作和食用时不会危害消费者健康的一种担保。

二、肉品污染的分类

（一）按污染物性质分类

按照肉品污染物性质，可分为生物性污染、化学性污染和物理性污染3大类（表3-5）。

表3-5 肉品污染分类及污染物

污染分类	污染物	
	类型	种类
生物性污染	微生物	致病菌：沙门氏菌、结核分枝杆菌、致泻大肠埃希氏菌等 腐败菌：微球菌、假单胞菌、变形杆菌等 病毒：新城疫病毒、禽流感病毒、鸭瘟病毒等 真菌及其毒素：黄曲霉及黄曲霉毒素等
	寄生虫	球虫、隐孢子虫等
	食品害虫及鼠类	苍蝇、蟑螂、鼠
化学性污染	兽药	磺胺类药物、喹诺酮类药物等
	农药	有机氯农药、有机磷农药、氨基甲酸酯类农药等
	重金属	汞、镉、铅、砷等
	滥用食品添加剂	硝酸盐和亚硝酸盐等
	清洁剂、消毒剂	洗涤灵、次氯酸钠等
	食品包装材料	塑料制品、塑化剂等
	有毒有害非食品原料	苏丹红等
	其他化学物质	胺类物质（腐败产生），多环芳烃、苯并（α）芘（加工污染），多氯联苯（环境污染物）等
物理性污染	异物	羽毛、骨屑、粪污、金属异物等
	放射性核素	天然放射性核素、人工放射性核素（意外污染）

1.**生物性污染** 生物性污染是指微生物、寄生虫和食品害虫及鼠类对肉品的污染。微生物包括细菌及其毒素、真菌及其毒素、病毒等；寄生虫包括原虫、吸虫、绦虫、线虫等；食品害虫包括苍蝇、蟑螂等。

2.**化学性污染** 化学性污染是指有毒有害化学物质对肉品的污染。这些化学物质涉及有毒金属、非金属、无机化合物和有机化合物等，包括农药残留、兽药残留、工业"三废"污染、不当使用食品添加剂污染、非食品原料污染。

3.**物理性污染** 物理性污染是指异物及放射性核素对肉品的污染。家禽屠宰加工中的物理性污染物主要是未清除干净的羽毛、血污、粪污等，也有金属异物等带来的污染。放射性核素污染主要是环境中的天然放射性核素和人工放射性核素造成的意外污染。

（二）按污染来源与途径分类

按肉品污染来源与途径不同，可分为内源性污染和外源性污染。

1.**内源性污染** 内源性污染是指家禽在生长发育过程中受到的污染，又称一次污染。如家禽在养殖过程中感染的疫病病原造成的污染，或家禽不正确用药后造成的兽药残留污染。

2.**外源性污染** 外源性污染是指家禽屠宰加工和流通过程中的污染，又称二次污染。如肉品接触水、空气、土壤中的污染物，以及屠宰、加工、运输、贮藏、销售等过程中造成的微生物或化学物质的污染。

三、肉品污染的危害

因肉品污染物性质不同，所以造成的危害各异。微生物容易引起肉品腐败变质，食用被病原体污染的肉品可引起人食源性感染或食物中毒。农药、兽药残留或其他化学物质污染可引起机体变态反应、急性中毒、慢性中毒、诱发癌症等。

（一）肉的腐败

肉的腐败是指在以微生物为主的各种因素作用下，肉品成分和感官性状发生的酶性、非酶性变化，导致肉的品质降低或变为不能食用的状态。其实质就是在各种腐败微生物蛋白酶和肽链内切酶等的作用下，肉中蛋白质和非蛋白质等被分解，肌肉组织、色泽发生变化，产生腐败气味。禽肉腐败后颜色变暗，表面、切面发黏，出现臭味，蛋白质等含氮物质分解产生胺类化合物，使挥发性盐基氮含量升高。我国《食品安全国家标准 鲜（冻）畜禽产品》（GB 2707）规定：鲜、冻畜禽肉中挥发性盐基氮含量≤15 mg/100 g 肉，检测挥发性盐基氮含量有助于判定肉的新鲜程度。

（二）食源性疾病

食源性疾病指食品中致病因素进入人体引起的感染性、中毒性疾病，包括食物中毒。食源性疾病包括食源性感染和食物中毒两大类。

1.食源性感染 食源性感染是指摄食被病原体污染的食品而引起的具有感染性的疾病。根据病原体不同，又可分为食源性传染病（病原微生物通过食品传播引起的疾病）和食源性寄生虫病（寄生虫或其虫卵通过食品传播引起的疾病）。例如，家禽屠宰检疫对象中的高致病性禽流感就可通过禽肉传染给人。

2.食物中毒 食物中毒是指摄入了被有毒有害物质污染的食品或者食用了含有毒有害物质的食品后出现的急性、亚急性疾病。

（1）**细菌性食物中毒** 细菌性食物中毒是指因摄入含有细菌或其毒素的食品引起的食物中毒。引起食物中毒的常见病原菌有10余种，其中沙门氏菌、志贺氏菌、致泻大肠埃希氏菌、金黄色葡萄球菌、空肠弯曲菌等均可污染禽肉产品。如空肠弯曲菌对低温的抵抗力很强，在污染的鸡肉上，5 ℃时可存活9 d，−25 ℃时可存活3～4个月，这是冷藏肉品容易发生食物中毒的重要原因。细菌性食物中毒的症状以急性胃肠炎为主，表现为恶心、呕吐、腹痛、腹泻等，夏秋季节多发。

（2）**化学性食物中毒** 化学性食物中毒是指摄入化学性有毒有害物质污染的食品而引起的中毒。根据其来源不同可以分为天然存在的有害物质、非有意加入或残留于食品中的有害物质（镉、铅、汞、多环芳烃、农药、兽药，以及塑料制品、橡胶、涂料等高分子聚合物中未聚合的单体等）及有意加入的化学物质（苏丹红、滥用食品添加剂等）3类。该类物质污染肉品后对机体危害较大，严重损伤组织器官，损害神经系统、造血功能，抑制免疫力，或引发"三致"作用等。

（三）兽药残留对人体健康的影响

兽药残留是指动物产品的任何可食部分所含兽药的母体、代谢物，以及与兽药有关的杂质残留存余的现象。兽药残留超标的原因主要是没有按要求执行停药期规定，超量使用、滥用药物，药物用法不当，以及非法使用违禁或淘汰药物等。

1.过敏反应 有的抗微生物药物可引起人的过敏反应，如 β - 内酰胺类抗生素，包括青霉素类、头孢菌素类等。

2.毒性作用 有些药物具有毒性作用，一般通过药物残留发生急性中毒的可能性很小，但长期摄入可产生慢性毒性或蓄积毒性。如链霉素可损害前庭和耳蜗神经，导致晕眩和听力减退；卡那霉素、丁胺卡那霉素具有肾毒性；多数聚醚类抗寄生虫类药物属高毒或剧毒物质，可使细胞发生变性或坏死。

3.细菌耐药性和菌群失调 长期低水平接触抗微生物药物可导致人和动物肠道

菌群平衡被打破，敏感的有益菌死亡，耐药的致病菌大量繁殖，从而引起动物和人群感染疾病。对 β-内酰胺类、大环内酯类、氨基糖苷类等耐药的菌株可通过食物链传递给人类，影响人类感染性疾病的治疗。

4.激素样作用 一些激素类化合物具有促进动物生长、增加体重、提高饲料转化率的作用，如甲基睾丸酮、己烯雌酚、β-受体激动剂等。《食品安全国家标准 动物性食品中兽药最大残留限量》中规定，激素类药物中苯甲酸雌二醇、苯丙酸诺龙、丙酸睾酮等允许作治疗用，但不得在动物性食品中检出。

5."三致"作用 有的药物具有致癌、致畸、致突变作用，如四环素类药物可能具有致畸作用，磺胺二甲基嘧啶等具有致肿瘤倾向。

四、肉品安全指标

(一)微生物学指标

1.菌落总数 菌落总数是指食品检样经过处理，在一定条件下培养，所得1 g (mL) 检样中所含细菌菌落总数，单位为CFU/g (mL)。测定禽肉产品菌落总数具有两方面的食品卫生学意义：一是判定禽肉被细菌污染的程度，以评定卫生质量；二是用于观察细菌在肉品中繁殖的动态。检验方法见《食品安全国家标准 食品微生物学检验 菌落总数测定》(GB 4789.2) (见第五章)。

2.大肠菌群 大肠菌群是指一群能发酵乳糖、产酸产气、需氧和兼性厌氧的单兰氏阴性无芽孢杆菌。大肠菌群常以大肠菌群数表示，即每克(毫升)检样中所含大肠菌群最可能数 [MPN/g(mL)]。测定该指标的食品卫生学意义有两个：一是作为粪便污染指标来评定禽肉的安全质量；二是判断食品是否被肠道致病菌污染。检验方法见《食品安全国家标准 食品微生物学检验 大肠菌群计数》(GB 4789.3) (见第五章)。

3.致病菌 致病菌主要包括肠道致病菌和致病性球菌，还有产毒霉菌。根据需要对禽肉进行沙门氏菌、致泻大肠埃希氏菌等进行检验。检验方法见GB 4789系列标准。

(二)理化指标

1.每日允许摄入量 每日允许摄入量 (ADI) 是指人类终生每日摄入某物质，而不产生可检测到的危害健康的估计量，以每千克体重可摄入量表示 (mg/kg BW)。《食品安全国家标准 食品中农药最大残留限量》(GB 2763) 制定了548种农药的ADI。

2.限量 限量 (MLs) 是指污染物和真菌毒素等有害物质在食品原料和(或)

食品成品可食用部分中允许的最大含量水平。《食品安全国家标准　食品中污染物限量》（GB 2762）规定了食品中铅、汞、镉、苯并[α]芘、多氯联苯等13种污染物限量标准；《食品安全国家标准　食品中真菌毒素限量》（GB 2761），规定了食品中黄曲霉毒素 B_1、黄曲霉毒素 M_1、展青霉素等6种霉菌毒素的限量指标。

3.最大残留限量和再残留限量　最大残留限量（MRL）是指在食品或农产品内部或表面法定允许的兽药或农药最大浓度，以每千克食品或农产品中兽药或农药残留的毫克数表示（mg/kg）。《食品安全国家标准　食品中兽药最大残留限量》（GB 31650）和《食品安全国家标准　食品中41种兽药最大残留限量》（GB 31650.1）规定了145种兽药在不同动物性食品中的最大残留限量。《食品安全国家标准　食品中农药最大残留限量》（GB 2763）规定了548种农药在不同食品中的最大残留限量，含艾氏剂、滴滴涕（DDT）、狄氏剂、毒杀芬、林丹、六六六、氯丹、灭蚁灵、七氯、异狄氏剂等10种有机氯农药的再残留限量，随后2022年又发布了《食品安全国家标准　食品中2, 4-滴丁酸钠盐等112种农药最大残留限量》（GB 2763.1）。

五、肉品污染的控制

切断禽肉污染的途径要从养殖和屠宰加工及流通环节入手，完善禽类养殖场的生物安全管理，加强从养殖到销售全链条过程的检验检疫和监督。屠宰企业必须取得动物防疫条件合格证，地址选择、企业布局、设施设备等方面还应遵守《食品安全国家标准　畜禽屠宰加工卫生规范》（GB 12694）、《食品安全国家标准　食品生产通用卫生规范》（GB 14881）、《畜禽屠宰加工通用技术条件》（GB/T 17237）、《鲜、冻肉生产良好操作规范》（GB/T 20575）等相关规定的要求。

（一）生物性污染的控制

1.防止内源性污染

（1）建立完善的家禽养殖场生物安全体系，保持养殖生态环境卫生，防止疫病传入。

（2）加强饲养管理，定期消毒，提高家禽的抗病能力。

（3）开展各种动物防疫、检疫、免疫监测、疫病净化工作，建立无规定疫病区。

（4）实施家禽及相关产品可追溯管理。

（5）推广绿色和有机养殖。

2.防止外源性污染

（1）建立健全肉品卫生监督检验和管理机制，加强家禽屠宰监管工作。

（2）严格遵守屠宰加工企业的卫生制度，采用良好生产工艺，生产过程符合

《鲜、冻肉生产良好操作规范》（GB/T 20575），禽肉产品满足《食品安全国家标准 鲜（冻）畜、禽产品》（GB 2707）及相关标准的规定，从原料到产品实行全过程质量安全监控。

（3）按规定对家禽实施产地检疫、宰前检查和宰后检查，家禽必须经检验检疫合格，禁止屠宰病死家禽。

（4）屠宰企业必须做到病、健隔离，原料与成品隔离，生、熟禽肉生产隔离，原料、成品、废弃物的转运避免交叉，进出应有各自专用的通道，所有设备要保持清洁。

（5）按照家禽屠宰操作规范屠宰加工，修割浮毛、血污、粪污、病变组织，屠宰中产品不落地。

（6）设施设备符合规定；屠宰加工前后对车间、设备、工具实施消毒；保持环境、车间、设备和用具、包装材料、运输车辆卫生。

（7）屠宰加工用水、制冰用水应符合《生活饮用水卫生标准》（GB 5749）中对微生物和寄生虫的相关规定。

（8）屠宰加工、兽医卫生检验等从业人员应身体健康，保持个人卫生，规范操作。

（二）化学性污染的控制

（1）家禽养殖场、屠宰加工企业选址应为生态环境良好的区域，远离污染源，并加强环境的监测工作。

（2）家禽的饲料应符合《饲料卫生标准》（GB 13078）及其他有关规定。

（3）强化兽药残留监管，家禽养殖中严禁使用违禁药物。

（4）按照屠宰操作规范《畜禽屠宰操作规程 鸡》（GB/T 19478）、《畜禽屠宰操作规程 鸭》（NY/T 3741）和《畜禽屠宰操作规程 鹅》（NY/T 3742）进行屠宰加工。

（5）防止家禽屠宰加工中的污染，严禁用松香清除绒毛；禁止给家禽肉注水和注入其他物质。

（6）屠宰企业要注重违禁药物检测，尤其重视对兽药残留的监测。

（7）屠宰加工用水、制冰用水化学成分要求应符合GB 5749。

（8）食品添加剂的使用应符合《食品安全国家标准 食品添加剂使用标准》（GB 2760）的规定。

（9）肉品包装材料应符合相关食品安全国家标准的要求。

思考题:

1. 家禽的消化系统包括哪些器官?

2. 家禽的淋巴系统有哪些器官?鸡鸭鹅有何不同之处?

3. 比较充血和出血的异同点。

4. 常见的细胞变性有哪些种类?

5. 败血症的剖检特点有哪些?

6. 试述良性肿瘤和恶性肿瘤的特点。

7. 《家禽屠宰检疫规程》中规定的检疫对象主要有哪些?

8. 高致病性禽流感宰前和宰后鉴别要点是什么?

9. 马立克病有哪4种类型?各型宰前的鉴别依据是什么?

10. 家禽肉品品质检验的主要内容包括哪些?

11. 兽药残留对人体健康有哪些不利的影响?

12. 如何控制肉品的化学性污染?

第四章

家禽屠宰检查

第一节 宰前检查

家禽宰前检查是指按照法定程序，采用规定的技术和方法，对即将屠宰的家禽实施的查证验物、活体健康检查及结果处理。

一、宰前检查的目的及意义

宰前检查是家禽屠宰检查的重要组成部分。通过宰前检查，一方面，可以发现临床症状比较明显的疫病，做到早发现、早隔离、早处置，有效防止动物疫病和人兽共患病的传播，维护公共卫生安全，促进养殖业健康发展；另一方面，可以发现外伤、中毒，以及应激性疾病等，做到病健分宰，减少产品污染，对保证家禽产品质量安全、保障人民身体健康具有重要意义。

二、宰前检查的方法

家禽的宰前检查通常采用群体检查和个体检查相结合的方法，一般以群体检查为主，个体检查为辅，必要时进行实验室检查。主要按照《家禽产地检疫规程》中"临床检查"内容实施检查。另外，在协助官方兽医工作时，也要关注待宰家禽是否有《家禽屠宰检疫规程》中规定的6种检疫对象，包括高致病性禽流感、新城疫、鸭瘟、马立克病、禽痘、鸡球虫病的临床症状。

1.群体检查 将来自同一地区、同一运输工具、同一圈舍的家禽作为一群进行健康检查，观察其精神状况、外貌、呼吸状态、运动状态、饮水情况及排泄物状态有无异常。群体检查主要进行以下"三态"检查。

（1）静态检查 主要检查家禽群体精神状况、呼吸状态、运动状态、饮水饮食及排泄物性状等。注意有无精神不振或沉郁、严重消瘦、羽毛松乱、呼吸困难等异常情况（图4-1和图4-2）。

（2）动态检查 驱赶家禽，观察其反应和行走姿态。注意有无行走困难、步态不稳、共济失调、离群掉队、跛行、翅下垂、瘫痪等异常情况（图4-3和图4-4）。

（3）饮水及排泄物检查 观察家禽饮水和排泄物状态。注意有无不饮、吞咽困难等异常情况，有无排灰白或淡黄绿色混有气泡的稀粪，或排水样稀粪、棕红色粪便、血便等异常情况（图4-5和图4-6）。

图4-1 静态检查

图4-2 病鹅站立不稳

图4-3 病鸭行走困难，瘫痪

图4-4 驱赶鸭群，检查运动状态

图4-5 检查鸭的饮水、吞咽情况

图4-6 检查排泄物的色泽、质地、气味等

2.个体检查 对群体检查发现的异常个体和随机抽取的家禽（每车抽取60～100只）逐只进行详细的健康检查。通过视诊、触诊和听诊等方法检查禽个体的精神状态、体温、呼吸、羽毛、天然孔、爪（掌）、排泄物等，鸡还应检查嗉囊。必要时将温度计插入泄殖腔测量体温。

（1）视诊　用左手抓住禽两翅根部，将其提起。检查羽毛是否清洁、有光泽，皮肤有无损伤、痘疹、坏死、肿瘤和结节等，爪（掌）有无异常。再检查口腔、眼、鼻等是否清洁，有无过多分泌物、黏膜是否出血等。最后检查肛门附近有无粪污、排泄物是否正常（图4-7至4-11）。

（2）触诊　触摸头部、体表等，检查有无结节、肿块。触摸关节，检查是否有肿大、积液、骨折等。鸡还应触诊嗉囊，检查其充实度和内容物的性质，是否有空虚、积液、积气、积食等异常情况（图4-12至图4-14）。

图4-7　羽毛检查

图4-8　体表损伤检查

图4-9　口腔、眼、鼻等天然孔检查

图4-10　观察鸭掌

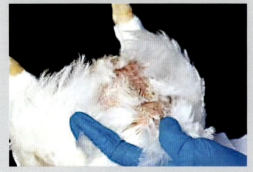
图4-11　泄殖腔检查

图4-12　触摸胸肌

图4-13　结节、肿胀检查

图4-14　触摸嗉囊

（3）听诊　俯耳于禽头颈部听其呼吸音和鸣叫，检查有无咳嗽、呼吸困难、叫声无力、短促和嘶哑等异常情况（图4-15、图4-16）。

图4-15　呼吸检查

图4-16　用耳朵听鸭的呼吸状况

三、宰前检查的程序

禽的宰前检查程序包括接收检查、待宰检查、送宰检查和宰前检查后的处理。

1. 接收检查　禽的接收检查包括查证验物、询问情况和临床检查3个步骤。

（1）查证验物　家禽运至屠宰企业后，兽医卫生检验人员应在收购验收区进行入场查验，现场核查家禽附有的检疫证明信息与实际情况是否相符，运输车辆备案证明是否合规等，并记录每批家禽的来源、数量、检疫证明号和供货者姓名、地址、联系方式等内容。发现无检验证明、检疫证明超过有效期、运输家禽信息与检疫证明不符，以及出现病死禽时，兽医卫生检验人员应按照有关规定进行处理（图4-17、图4-18）。

图4-17　查证验物

（2）询问情况　兽医卫生检验人员询问货主，了解家禽产地有无疫情和运输过程中禽的病死情况（图4-19）。

图4-18　查验动物检疫合格证明

图4-19　询问司机

（3）临床检查　兽医卫生检验人员对车厢内家禽进行群体静态检查，未见异常的，准予卸载。卸载时，采取逐车群体动态检查，若发现有精神委顿，羽毛蓬乱，行动迟缓，眼、鼻、喙有异常分泌物，泄殖腔周围羽毛污秽不洁，呼吸有声、呼吸困难等，应进行个体检验。疑似病禽送入隔离圈，进行隔离观察；死亡及有全身性疾病等不合格家禽应做无害化处理。

2.待宰检查

（1）有毒有害非食品原料的筛查　在家禽宰前或宰后检验环节开展有毒有害非食品原料的筛查。对于筛查疑似阳性样品，应及时按国家标准检测方法进行确证，确证检测结果不合格的，应按规定进行无害化处理。同时，对同批次家禽扩大检测范围，合格的准予屠宰，产品准予放行，不合格的进行无害化处理。

（2）停食静养　家禽宰前应停食静养，禁食时间控制在6～12 h，保证饮水。停食静养期间，兽医卫生检验人员应定期巡查，发现异常按照有关规定处理（图4-20）。

图4-20　饮喂清洁水

3.送宰检查　为了最大限度地防止病禽进入屠宰加工车间，经宰前停食静养管理后的家禽，在送宰前，还应进行一次全面的临床检查，确认健康后方可进行屠宰。

4.检疫申报　厂方应在屠宰前6 h向所在地动物卫生监督机构申报检疫，填写检疫申报单,并提供家禽入场时附有的动物检疫证明,以及家禽入场查验登记、待宰巡查等记录。

动物卫生监督机构收到检疫申报后应当及时对申报材料进行审查,根据相关情况决定是否予以受理。材料齐全的,予以受理,由官方兽医及时实施检疫;不予受理的,应说明理由。

由官方兽医回收家禽入场时附有的动物检疫证明,并将有关信息上传至动物检疫管理信息化系统。

5.宰前检查后的处理

(1)确认合格的,准予屠宰。

(2)发现病死家禽的,按照《病死畜禽和病害畜禽产品无害化处理管理办法》等规定处理。

(3)宰前检疫不合格的,由官方兽医出具检疫处理通知单。

(4)发现染疫或者疑似染疫的,向农业农村部门或者动物疫病预防控制机构报告,并由货主采取隔离等控制措施。

(5)现场核查待宰家禽信息与申报材料或入场时附有的动物检疫证明不符,涉嫌违反有关法律法规的,向农业农村部门报告。

(6)确认为无碍于肉食安全且濒临死亡的家禽,可以急宰。

第二节 宰后检查

一、鸡宰后检查

(一)宰后检查概述

宰后检查是应用兽医病理学和诊断学的知识,对鸡宰后屠体实行的检验检疫。鸡的宰后检查与家畜的宰后检查不同:一是由于鸡无淋巴结,因而鸡不论是内脏检验还是胴体检验,均不剖检淋巴结。二是鸡的加工方法与家畜不同,有全净膛、半净膛与不净膛之分。对全净膛的检查内脏和体腔,对半净膛的一般只能检查胴体表面和肠管,对不净膛的只检查胴体表面。

1.宰后检查的目的及意义 宰后检查是鸡宰前检查的继续和补充,是保证鸡肉产品卫生最重要的环节。通过宰后检查可以发现宰前检查中难以发现、处于潜伏期或者症状不明显的疫病和疾病，并依照有关规定对病害产品和废弃物进行无害化处理，对于保证鸡肉产品质量安全，防止动物疫病和食源性疾病的发生和传播，促进养鸡业健康发展、维护公共卫生安全具有十分重要的意义。

2.宰后检查的基本方法　宰后检查以感官检查为主，必要时辅以实验室的病理、微生物、寄生虫、理化等检验，便于对宰后检验中发现的病害肉进行准确判断，并进行相应处理。

（1）感官检验　即运用感觉器官，通过视检、触检、剖检和嗅检等方法对胴体和脏器进行检查与处理。

①视检　用肉眼观察鸡胴体的皮肤、肌肉、脂肪、胸膜、腹膜、骨骼、关节、天然孔，以及各种脏器的色泽、形态、大小、组织状态等是否正常，为进一步剖检提供依据。

②触检　用手触摸或用刀触压受检组织和器官，判定其弹性和软硬程度，触检对于发现深部肿块、结节病灶等具有特别重要的作用。

③剖检　借助检验刀具等剖开胴体和脏器的受检部位或应检部位，观察胴体或脏器的隐蔽部分或深层组织的结构和组织状态有无异常。

④嗅检　通过嗅闻胴体和组织器官有无特殊气味，从而判定肉品卫生质量。

（2）实验室检查　当感官检验不能对疾病立即做出判定时，必须进行实验室检验。在宰后检查中，可采用理化检验、微生物学检验等；兽药残留多采用色谱与质谱法，也可用酶联免疫吸附试验进行检查。

3.宰后检查的基本要求

（1）宰后应实施同步检验，对每只鸡进行胴体检查、内脏检查和复验。

（2）在宰后检查发现病变组织器官时，确诊为非疫病引起的，应摘除或修割。

（二）胴体检查

1.体表检查　检查体表的色泽、气味、光洁度、完整性，及有无水肿、痘疮、化脓、外伤、溃疡、坏死灶、肿物等。还应检查有无发育不良、过度消瘦、放血不全等情况。观察脱羽后的胴体有无烫伤和机械损伤等质量状况（图4-21至图4-28）。

2.冠和髯检查　检查鸡冠和髯有无出血、水肿、结痂、溃疡及形态有无异常等（图4-29、图4-30）。

3.眼部检查　检查眼睑有无出血、水肿、结痂，眼球是否下陷等（图4-31）。

4.爪部检查　检查有无出血、淤血、增生、肿物、溃疡及结痂等（图4-32至图4-35）。

5.泄殖腔检查　检查肛门有无紧缩、淤血、出血等变化（图4-36）。

图4-21　体表检查（1）（示例）

图4-22　体表检查（2）（示例）

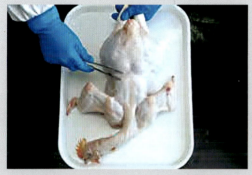

图4-23　体表检查（3）（示例）

图4-24　体表检查（毛根）（示例）

图4-25　体表检查（出血斑）（示例）

图4-26　体表检查（翅底部出血）（示例）

图4-27　放血良好胴体（示例）

图4-28　放血不良胴体（示例）

图4-29　鸡冠检查（示例）

图4-30　肉髯检查（示例）

图4-31　眼部检查（示例）

图4-32　爪部检查（示例）

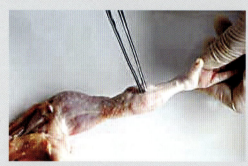

图4-33　关节肿胀（示例）

图4-34　关节内黄色渗出物（示例）

图4-35　关节内出血（示例）

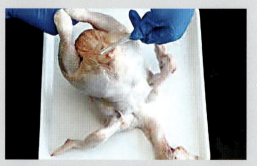

图4-36　肛门检查（示例）

6.**抽检** 鸡日屠宰量在1万只以上（含1万只）的，按照1%的比例实施疫病抽样检查，日屠宰量在1万只以下的，抽检60只。抽检发现异常情况的，应适当扩大抽检比例和数量。

（1）皮下检查 重点检查皮下有无出血点、炎性渗出物等（图4-37至图4-39）。

图4-37 皮下检查（示例）

图4-38 胸部滑液囊囊肿（示例）

图4-39 颈部皮下肿瘤（示例）

（2）肌肉检查 重点检查肌肉颜色是否正常，有无出血、淤血、结节等（图4-40、图4-41）。

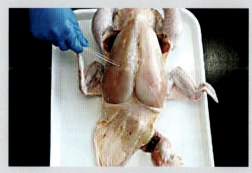
图4-40 肌肉检查（示例）

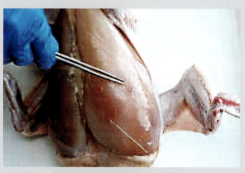
图4-41 肌肉出血（示例）

（3）鼻腔检查　重点检查有无淤血、肿胀和异常分泌物等（图4-42）。

（4）口腔检查　重点检查口腔有无淤血、出血、溃疡及炎性渗出物等（图4-43）。

图4-42　鼻腔检查（示例）

图4-43　口腔检查（示例）

（5）喉头和气管检查　重点检查有无水肿、淤血、出血、糜烂、溃疡和异常分泌物等（图4-44至图4-49）。

图4-44　喉头和气管检查（示例）

图4-45　气管检查（示例）

图4-46　气管环出血、有血凝块（示例）

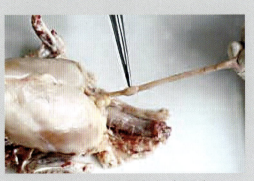

图4-47　气管肿瘤（1）（示例）

图4-48 气管肿瘤（2）（示例）

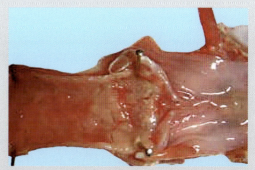

图4-49 喉头、气管上半部痘疹、黄白色假膜
（示例）

（6）气囊检查 重点检查气囊壁有无增厚、混浊、纤维素性渗出物、结节等
（图4-50、图4-51）。

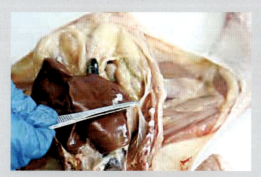

图4-50 气囊检查（示例）

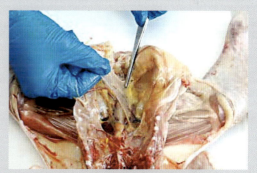

图4-51 气囊黄白色渗出物（示例）

（7）体腔检查 重点检查体腔内部清洁程度和完整性，有无赘生物、寄生虫等；
检查体腔内壁有无凝血块、粪便和胆汁污染及其他异常等（图4-52）。

图4-52 体腔检查（示例）

（三）内脏检查

对于全净膛加工的鸡，取出内脏后应全面进行检查；半净膛只检查拉出的肠管；不净膛一般不检查内脏。但在体表检查怀疑为病鸡时，可单独放置，最后剖开胸、腹腔，仔细检查体腔和内脏（图4-53）。

图4-53　内脏检查

1.肺检查　重点检查有无颜色异常、结节等（图4-54、图4-55）。

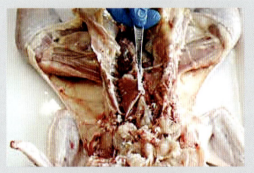

图4-54　肺检查（示例）

图4-55　肺出血（示例）

2.肾检查　重点检查有无颜色异常、结节等（图4-56、图4-57）。

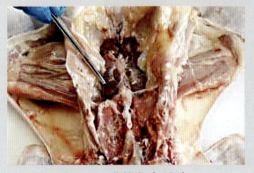

图4-56　肾检查（示例）

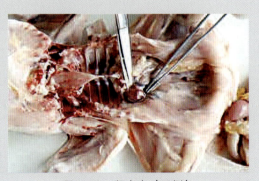

图4-57　肾出血（示例）

3.腺胃和肌胃检查 重点检查浆膜面有无异常。剖开腺胃，检查腺胃黏膜和乳头有无肿大、淤血、出血、坏死灶和溃疡等；切开肌胃，剥离角质膜，检查肌层内表面有无出血、溃疡等（图4-58至图4-62）。

图4-58 正常食道、嗉囊、腺胃、肌胃（示例）

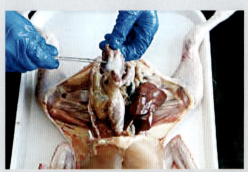

图4-59 肌胃检查（示例）

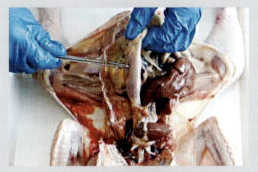

图4-60 腺胃检查（示例）

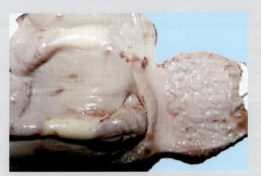

图4-61 腺胃、肌胃出血（示例）

图4-62 腺胃肿大（示例）

4.肠道检查 重点检查浆膜有无异常。剖开肠道，检查小肠黏膜有无淤血、出血等，检查盲肠黏膜有无枣核状坏死灶、溃疡等（图4-63至图4-72）。

图4-63 十二指肠和胰检查（示例）

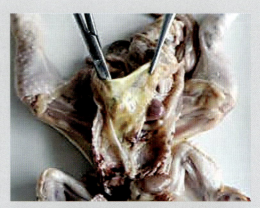

图4-64 肠浆膜纤维素渗出、肠粘连（示例）

图4-65 十二指肠出血（示例）

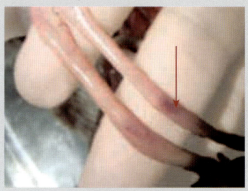

图4-66 小肠浆膜枣核状出血（示例）

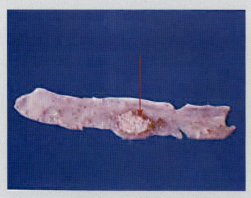

图4-67 小肠黏膜出血、溃疡，形成岛屿状坏
死溃疡灶（示例）

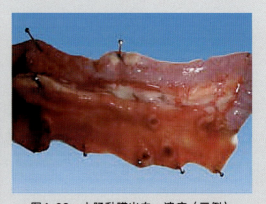

图4-68 小肠黏膜出血、溃疡（示例）

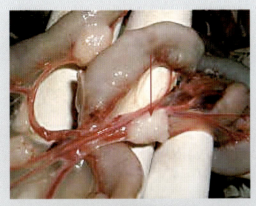

图4-69　小肠肿瘤（示例）

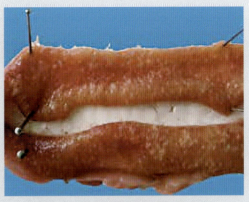

图4-70　肠黏膜白色结节（示例）

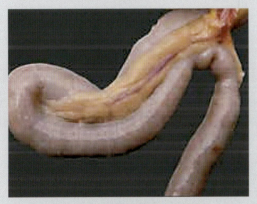

图4-71　肠壁出血斑（示例）

图4-72　肠壁增厚、贫血、肿瘤（示例）

5.肝和胆囊检查　重点检查肝形状、大小、色泽及有无出血、坏死灶、结节、肿物等。检查胆囊有无肿大等（图4-73至图4-81）。

图4-73　正常肝、胆囊（示例）

图4-74　肝检查（示例）

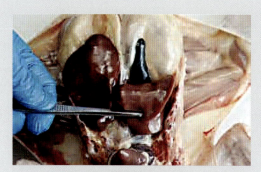

图4-75 胆囊检查（示例）

图4-76 肝灰白色坏死性结节（示例）

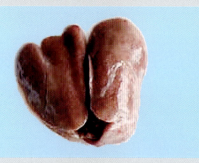

图4-77 肝肿大、结节（示例）

图4-78 肝肿大、出血（1）（示例）

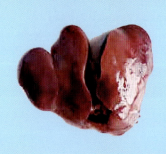

图4-79 肝肿大、出血（2）（示例）

图4-80 肝肿大、坏死、破裂性出血（示例）

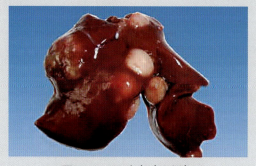

图4-81 肝肿瘤（示例）

6.**脾检查** 重点检查脾形状、大小、色泽及有无出血和坏死灶、灰白色或灰黄色结节等（图4-82、图4-83）。

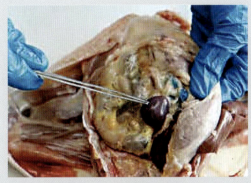

图4-82 脾检查（示例）

图4-83 脾肿大、肿瘤（示例）

7.**心脏检查** 重点检查心包和心外膜有无炎症变化等；检查心冠状沟脂肪、心外膜有无出血点、坏死灶、结节等（图4-84至图4-90）。

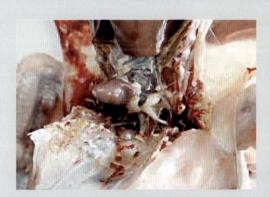

图4-84 心脏检查（示例）

图4-85 心包积液（示例）

图4-86 心包粘连（示例）

图4-87 心冠状脂肪出血（示例）

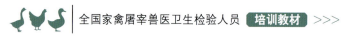
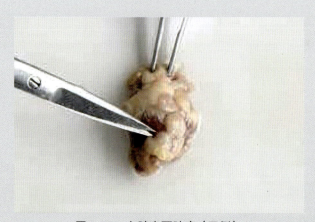

图4-88　心脏表面肿瘤（示例）

图4-89　心肌肿瘤（示例）

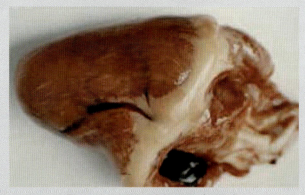

图4-90　心肌条纹状坏死（示例）

　　8.法氏囊检查　重点检查法氏囊有无出血、肿大等。剖检有无出血、干酪样坏死等（图4-91、图4-92）。

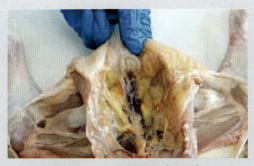

图4-91 法氏囊检查（示例）

图4-92 正常法氏囊（示例）

（四）复验

兽医卫生检验人员对上述情况进行复验，官方兽医根据实际对检疫情况进行复检，综合定结果。

（1）进行全面复验，检查病变组织、异物是否割除干净，是否有放血不全现象。

（2）将检出的品质异常的胴体及其他产品单独挑出，放入带有相应处理标识的容器内。

（3）检查内外伤是否修割干净，有无带毛情况。

（五）宰后检查后的处理

（1）全身性异常变化的胴体、病变及异常变化的内脏、局部异常变化的胴体修割部分、污染胴体修割部分，应做无害化处理。

（2）皮肤或肌肉呈现明显颜色异常的，皮肤上有较多结痂、伤肿或炎性病灶的，胴体气味异常的，体腔内有腹水、多量血液、出现肿瘤的，体腔及内脏过度粘连的，且怀疑为全身性疾病时，整只禽应做无害化处理。

（3）对胴体局部结痂或炎症、局部淤血的部位予以修割，修割下的部位应做无害化处理。

（4）发育不良、过度消瘦、放血不全的胴体应做非食用处理或无害化处理。

（5）注水、注入违禁物质的胴体及其他产品应做无害化处理。

（6）宰后检查合格的，准予出厂。

（7）宰后检查怀疑患有动物疫病的，向当地农业农村部门或动物疫病预防控制机构报告，并迅速采取隔离等控制措施。

二、鸭宰后检查

（一）宰后检查概述

鸭宰后检查是对屠宰后的胴体、内脏实施的疫病检查、产品品质检验，并根据检验结果进行处理。主要环节包括胴体检查、内脏检查、复验。方法以感官检验为主，必要时采用实验室方法进行检查。

1.宰后检查的目的及意义 宰后检查是鸭屠宰检查最为关键的环节，也是宰前检查的继续和补充。主要目的在于发现宰前检查中难以发现的、处于潜伏期或者症状不明显的一些疫病（如鸭瘟等）和疾病，并依照有关规定对病害产品和废弃物进行无害化处理，对于保证鸭肉产品质量安全，防止动物疫病和食源性疾病的发生和传播，促进养鸭业的健康发展，维护公共卫生安全具有十分重要的意义。

2.宰后检查的方法

（1）检查器具 宰后检查使用的器具主要有小型的检验刀、检验钩，也可使用手术剪、镊子。每位检验检疫人员应备有两套检验工器具，以便随时更换。

（2）感官检验 宰后检查以视检为主，必要时进行触检或剖开检查，注意胴体、内脏的色泽、质地和气味有无异常变化，特别应注意屠宰操作可能引起的异常变化。

①视检 主要检查胴体体表、肌肉、脂肪、胸腹膜、骨骼、关节、天然孔、淋巴结，以及内脏器官的色泽、大小、形态、组织状态等是否正常，有无充血、出血、水肿、脓肿、增生、结节、肿瘤等病理变化，有无寄生虫和其他异常现象。

②触检 触压被检组织器官，判定其弹性、组织状态和深部有无结节、肿块等。

③剖检 借助检验工具，剖开组织器官，检查其深层或隐蔽部分有无病理变化和寄生虫。有时在内脏器官检验中使用。

④嗅检 嗅闻组织器官或体腔有无异味。有些被检组织、器官没有特征性的变化，需要嗅觉检查有无异常。

（3）实验室检查 在宰后检查中，可采用理化检验、微生物学检验等；兽药残留多采用色谱与质谱法，也可用酶联免疫吸附试验进行检查。

3.宰后检查的基本要求

（1）宰后应实施同步检验，对每只鸭进行胴体检查、内脏检查和复验。

（2）在宰后检查发现病变组织器官时，确诊为非疫病引起的，应摘除或修割。

（二）胴体检查

1.体表检查 首先观察放血程度，视检体表的色泽、气味、光洁度、完整性，注意有无水肿、化脓、外伤、溃疡、坏死灶、肿物等病变，并注意腹下是否有突出（图4-93至图4-100）。

图4-93 宰后体表检查（1）

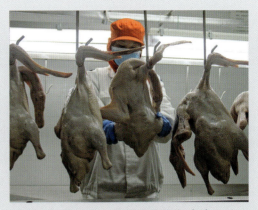

图4-94 宰后体表检查（2）

图4-95 正常肉鸭体表

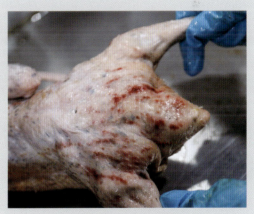

图4-96 体表出血

图4-97 腹下突出

图4-98 体表存在破损

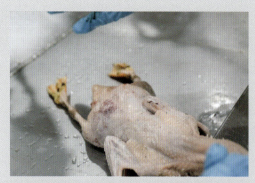

图4-99　体表有外伤，皮下淤血

图4-100　腿部肌肉出血

　　2.眼部检查　检查眼结膜、眼睑是否正常，注意眼睑有无出血、水肿、结痂等病变，眼球是否下陷，虹膜的色泽及瞳孔的形状、大小是否正常（图4-101至图4-104）。

图4-101　检查肉鸭眼睛

图4-102　正常肉鸭眼睛

图4-103　病鸭眼结膜呈蓝色、混浊

图4-104　病鸭眼结膜混浊

3.鸭掌检查　视检鸭掌色泽，观察有无出血、淤血、增生、肿物、溃疡及结痂等（图4-105至图4-110）。

图4-105　检查肉鸭鸭掌

图4-106　正常肉鸭鸭掌

图4-107　鸭蹼严重充血

图4-108　鸭蹼溃疡、结痂

图4-109　鸭掌发绀、呈紫黑色

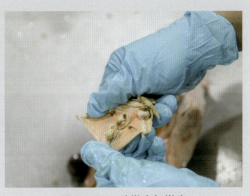

图4-110　鸭掌底部增生

4.泄殖腔检查 视检肛门，注意有无淤血、出血等变化（图4-111至图4-114）。

图4-111 检查肉鸭泄殖腔

图4-112 正常肉鸭泄殖腔外部

图4-113 正常肉鸭泄殖腔内部

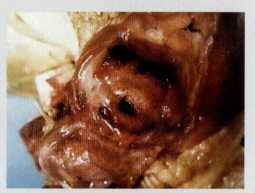

图4-114 泄殖腔周边黏膜出血

5.抽检 肉鸭日屠宰量在1万只以上（含1万只）的，按照1%的比例实施疫病抽样检查；日屠宰量在1万只以下的，抽检60只。抽检发现异常情况的，应适当扩大抽检比例和数量，进行详细的检查。

（1）皮下检查 视检皮下组织，注意有无出血点、炎性渗出物等（图4-115至图4-120）。

（2）肌肉检查 视检肌肉色泽，观察颜色是否正常，有无出血、淤血、结节等（图4-121至图4-124）。

（3）鼻腔检查 视检鼻腔，观察有无淤血、肿胀和异常分泌物等（图4-125、图4-126）。

（4）口腔检查 视检口腔，观察有无淤血、出血、溃疡及炎性渗出物等（图4-127至图4-130）。

图4-115　正常肉鸭颈部皮下

图4-116　皮下有胶冻状水肿

图4-117　正常肉鸭腹部皮下

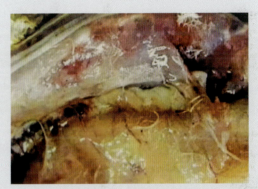

图4-118　肉鸭食盐中毒
头颈部皮下水肿

图4-119　正常肉鸭腿部皮下

图4-120　药物中毒
腿部皮下、肌肉出血

图4-121　正常肉鸭腿部肌肉组织

图4-122　病鸭腿部肌肉有条纹状变性和坏死

图4-123　正常肉鸭胸部肌肉组织

图4-124　患病肉鸭胸肌有黄白条纹状坏死灶

图4-125　检查肉鸭鼻腔

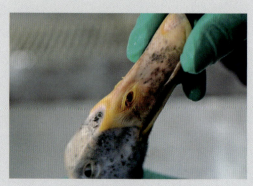

图4-126　正常肉鸭鼻腔

图4-127　检查肉鸭口腔

图4-128　正常肉鸭口腔

图4-129　肉鸭口腔出血

图4-130　口腔黏膜出血

（5）气管检查　视检气管，观察有无水肿、淤血、出血、糜烂、溃疡和异常分泌物等（图4-131至图4-136）。

图4-131　肉鸭气管检查（1）

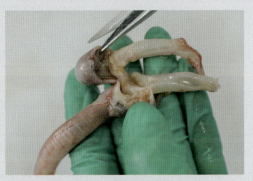

图4-132　肉鸭气管检查（2）

图4-133　正常肉鸭气管

图4-134　病鸭气管出血，内有血凝块

图4-135　病鸭气管黏膜出血

图4-136　病鸭气管出血，内有大量黏液性分泌物

（6）气囊检查　视检气囊，注意囊壁有无增厚、混浊、纤维素性渗出物、结节等（图4-137至图4-142）。

图4-137　检查肉鸭气囊

图4-138　正常肉鸭气囊

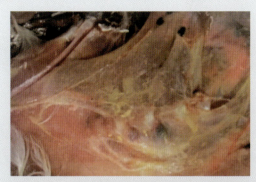

图4-139　病死鸭气囊表面附有黄色干酪样物

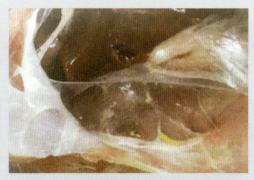

图4-140　病鸭气囊上附有黄色干酪样物

图4-141　发生病变的肉鸭气囊

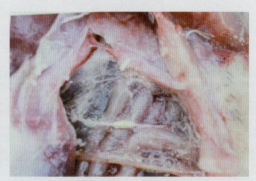

图4-142　鸭大肠杆菌病
纤维素性气囊炎

（7）体腔检查　视检体腔的色泽，观察内部清洁程度和完整度，有无赘生物、寄生虫等；检查体腔内壁有无凝血块、粪便和胆汁污染以及其他异常等（图4-143至图4-145）。必要时检查卵巢，观察有无变形、变色、变硬等，特别注意有无大小不等的结节性病灶。

图4-143　正常肉鸭体腔

图4-144　患病鸭胸膜严重充血，并有淡黄色纤维素样物附着

图4-145　患病鸭腹腔有纤维素样物附着

（三）内脏检查

1.肺检查　视检肺色泽、大小、形状，观察有无颜色异常、结节等（图4-146至图4-151）。

图4-146　正常肉鸭肺

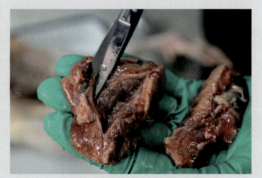

图4-147　正常肉鸭肺内部

图4-148　病变鸭肺出血（1）

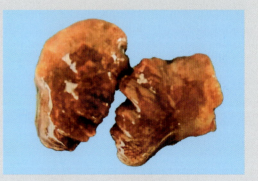

图4-149　病变鸭肺出血（2）

图4-150 病鸭肺和支气管出血，内有黄色化
脓性痰块

图4-151 鸭霍乱
肺出血

2.肾检查 视检肾色泽、大小、形状（图4-152），观察有无肿大、出血、苍白、尿酸盐沉积、结节等（图4-153至图4-156），注意有无白血病病灶。

图4-152 正常肉鸭肾

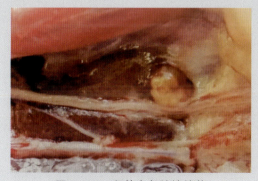

图4-153 肾的白色结核结节

图4-154 肾因尿酸盐沉积肿大，色淡，呈斑
驳状

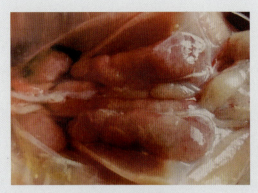

图4-155　肾明显肿大

图4-156　鸭急性中毒
肾肿胀和出血

　　3.腺胃和肌胃检查　视检浆膜色泽，观察有无出血、水肿等变化。剖开腺胃，检查腺胃黏膜和乳头有无肿大、淤血、出血、坏死灶和溃疡等；切开肌胃，剥离角质膜，检查肌层内表面有无出血、溃疡等（图4-157至图4-164）。

图4-157　正常肉鸭肌胃

图4-158　正常肉鸭肌胃内部

图4-159　正常肉鸭腺胃

图4-160　正常肉鸭腺胃内部

图4-161 病鸭肌胃角质层增厚、龟裂，铜绿色，右为正常

图4-162 病鸭腺胃和肌胃交界处黏膜出血

图4-163 病鸭腺胃和肌胃间出血、坏死

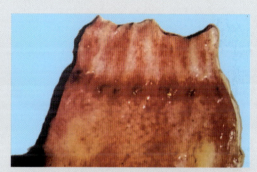

图4-164 病鸭腺胃与食道交界处出血，腺胃黏膜表面有黄色胶冻样分泌物

4.肠道检查 视检浆膜有无异常。剖开肠道，检查小肠黏膜有无淤血、出血等，检查盲肠黏膜有无针尖状坏死灶、溃疡等。注意检查十二指肠和盲肠有无充血、出血和溃疡，必要时进行剖检（图4-165至图4-176）。

图4-165 肉鸭的消化系统

图4-166 肠道部分

图4-167　正常肉鸭十二指肠

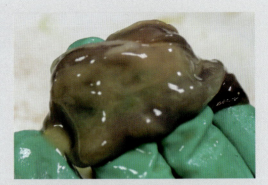

图4-168　正常肉鸭十二指肠内部

图4-169　正常肉鸭空肠

图4-170　正常肉鸭空肠内部

图4-171　正常肉鸭盲肠

图4-172　正常肉鸭盲肠内部

图4-173 肠道斑点状出血

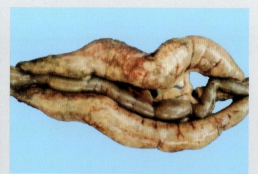

图4-174 盲肠肿胀、异常增粗，表面见有点状或斑点状坏死

图4-175 十二指肠弥漫性出血

图4-176 直肠、回肠、盲肠黏膜出血，内容物带有血液或呈胶冻样

5.肝和胆囊检查 视检肝形状、大小、色泽，触检硬度和弹性（图4-177至图4-180），注意有无出血、坏死灶、结节、肿物等；检查胆囊有无肿大等。应特别注意肝有无肿大、出血，有无灰白或淡黄色点状坏死灶和结节，有无坏死小斑点等变化（图4-181至图4-184）。

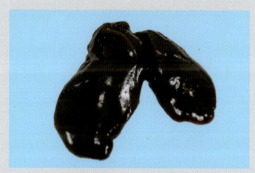

图4-177 正常肉鸭肝

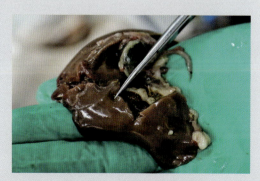

图4-178 正常肉鸭肝内部

图4-179　正常肉鸭胆囊

图4-180　正常肉鸭胆囊内部

图4-181　肝肿大和白色坏死灶

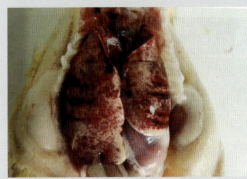

图4-182　肝斑点状出血

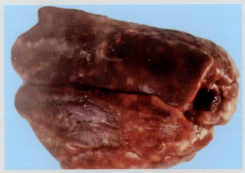

图4-183　病鸭肝肿大，有弥漫性大小不一灰
　　　　　白色肿瘤结节

图4-184　病鸭胆囊肿大，充满胆汁

6.**脾检查** 视检脾的形状、大小、色泽（图4-185、图4-186），注意脾是否肿大、有无出血和坏死灶、灰白色或灰黄色结节等（图4-187至图4-190）。

图4-185 正常肉鸭脾

图5-186 正常肉鸭脾内部

图4-187 脾肿大，有出血斑，呈大理石样

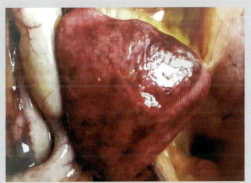

图4-188 脾肿大，呈斑驳状

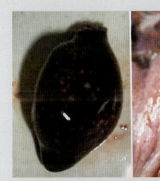

图4-189 脾肿大、质脆，表面有出血点和灰白色坏死灶

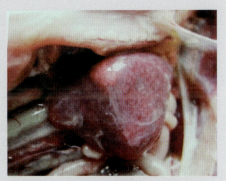

图4-190 脾肿大，表面有灰白色坏死灶

7.心脏检查 视检心包和心外膜（图4-191、图4-192），观察有无炎症变化等；检查心冠状沟脂肪、心外膜有无出血点、坏死、结节等（图4-193至图4-196）。必要时可剖开心腔仔细检查。

图4-191 正常肉鸭心脏

图4-192 正常肉鸭心脏内部

图4-193 心肌出血，有白色条纹状坏死

图4-194 病鸭整个心脏心肌呈条纹状坏死

图4-195 心内膜出血

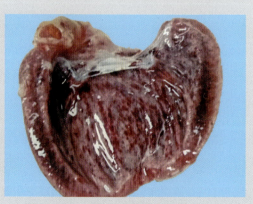

图4-196 病鸭心内膜条状和斑状出血

8.法氏囊检查 检查法氏囊有无出血、肿大等。剖检有无出血、干酪样坏死等（图4-197至图4-200）。

图4-197 正常肉鸭法氏囊（1）

图4-198 正常肉鸭法氏囊（2）

图4-199 法氏囊有出血、坏死

图4-200 病鸭法氏囊水肿，黏膜有弥漫性大小不一灰白色或淡黄色坏死

（四）复验

兽医卫生检验人员对上述情况进行复验（图4-201、图4-202），官方兽医根据实际对检疫情况进行复检，综合判定结果。

图4-201 复验（1）

图4-202 复验（2）

（1）进行全面复验，检查病变组织、异物是否割除干净，是否有放血不全现象。

（2）将检出的品质异常的胴体及其他产品单独挑出，放入带有相应处理标识的容器内。

（3）检查内外伤是否修割干净，有无带毛情况。

（五）宰后检查后的处理

（1）全身性异常变化的胴体、病变及异常变化的内脏、局部异常变化的胴体修割部分、污染胴体修割部分，应做无害化处理。

（2）皮肤或肌肉呈现明显颜色异常的，皮肤上有较多结痂、伤肿或炎性病灶的，胴体气味异常的，体腔内有腹水、多量血液、出现肿瘤的，体腔及内脏过度粘连的，且怀疑为全身性疾病时，整只禽应做无害化处理。

（3）对胴体局部结痂或炎症、局部淤血的部位予以修割，修割下的部位应做无害化处理。

（4）发育不良、过度消瘦、放血不全的胴体应做非食用处理或无害化处理。

（5）注水、注入违禁物质的胴体及其他产品应做无害化处理。

（6）宰后检查合格的，准予出厂。

（7）宰后检查怀疑患有动物疫病的，向当地农业农村部门或动物疫病预防控制机构报告，并迅速采取隔离等控制措施。

三、鹅宰后检查

（一）宰后检查概述

宰后检查是应用兽医病理学和实验诊断学的知识，对鹅宰后屠体实行的检验检疫，按要求对屠宰后的胴体、内脏实施的疫病检查、产品品质检验，并根据检验结果进行处理。主要环节包括胴体检查、内脏检查、复验。方法以感官检验为主，必要时采用实验室方法进行检查。

1.宰后检查的目的及意义　宰后检查是鹅宰前检查的继续和补充，是保证鹅肉品卫生重要的环节。通过宰后检查可以发现宰前检查中难以发现、处于潜伏期或者症状不明显的疫病或疾病，并依照有关规定对病害产品和废弃物进行无害化处理，对于保证鹅肉产品质量安全，防止动物疫病和食源性疾病的发生和传播，促进养鹅业的健康发展，维护公共卫生安全具有十分重要的意义。

2.宰后检查方法　宰后检查以感官检查为主，必要时辅以实验室的病理、微生物、寄生虫、理化等检验。

（1）感官检验　运用感觉器官通过视检、触检、嗅检和剖检等方法对胴体和内脏进行检查。

①视检　用肉眼观察胴体的皮肤、肌肉、脂肪、胸膜、腹膜、骨骼、关节、天然孔，以及各种脏器的色泽、形态、大小、组织状态等是否正常。

②触检　用手触摸或用刀触压受检组织和器官，判定其弹性和软硬程度，触检对于发现深部肿块、结节病灶等潜在性的变化具有特别重要的作用。

③剖检　借助检验刀具等剖开胴体和内脏的受检部位或应检部位，观察胴体或脏器的隐蔽部分或深层组织的结构和组织状态有无异常。

④嗅检　通过嗅闻胴体和组织器官有无特殊气味，从而判定肉品卫生质量。

（2）实验室检查　当感官检验不能对疾病立即做出判定时，必须进行实验室检验。在宰后检查中，可采用理化检验、微生物学检验等；兽药残留多采用色谱与质谱法，也可用酶联免疫吸附试验进行检查。

3.宰后检查的基本要求

（1）宰后应实施同步检验，应对每只鹅进行胴体检查、内脏检查和复检。

（2）在宰后检查发现病变组织器官时，确诊为非疫病引起的，应摘除或修割。

（二）胴体检查

鹅胴体检查是对鹅在宰杀后进行的检查，以确保鹅肉的质量和安全性。宰后鹅的胴体检查一般涉及以下几个方面：

1.体表检查　首先，观察鹅胴体有无发育不良、过度消瘦、放血不全等状况（图4-203）；其次，观察胴体有无烫伤、烫老和机械损伤等质量状况（图4-204）；再次，检查胴体体表清洁程度，发现粪便、胆汁、脓汁等污染严重的，应立即从屠宰线上摘下，对污染部分进行修割，如有血污、羽毛等应进行清洗（图4-205、图4-206）；最后，检查胴体形状、颜色、气味是否正常，有无肿胀、内外伤、脓疱等（图4-207）。

图4-203　体表检查

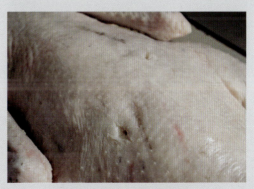

图4-204　体表有破损

图4-205 体表有淤血点

图4-206 体表有小毛

4-207 检查胴体形状、颜色

2.**头部检查** 检查头部的喙与肉瘤、眼睑、鼻腔、口腔有无出血、水肿、结痂、溃疡及形态异常等（图4-208、图4-209）。

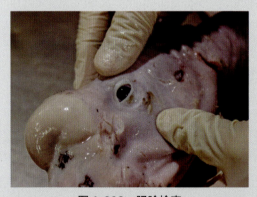
图4-208 眼睑检查

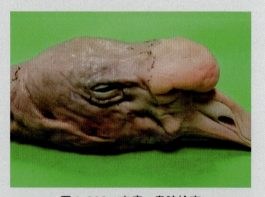
图4-209 肉瘤、鼻腔检查

3.**腿掌部检查** 检查胫、趾和蹼、关节有无出血、淤血、增生、肿大、肿物、结痂、溃疡等（图4-210、图4-211）。

4.**泄殖腔检查** 检查肛门周围是否有炎症、坏死及泄殖腔黏膜是否有充血、肿胀、变色等变化（图4-212、图4-213）。

图4-210 鹅掌检查

图4-211 蹼点状出血

图4-212 泄殖腔检查

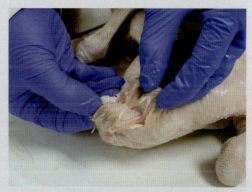

图4-213 正常泄殖腔

5.**抽检** 鹅的日屠宰量在1万只以上（含1万只）的，按照1%的比例实施疫病抽样检查；日屠宰量在1万只以下的，抽检60只。当抽检发现异常时，应适当扩大抽检的比例和数量，进行详细检查。

（1）皮下、肌肉检查 检查胴体皮下、肌肉有无水肿、淤血、出血等（图4-214至图4-217）。

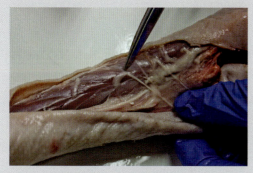

图4-214 正常鹅颈部皮下

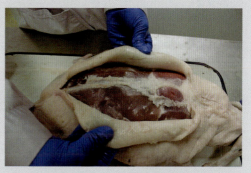

图4-215 正常鹅腹部皮下

图4-216　正常鹅胸部肌肉

图4-217　正常鹅腿部肌肉

（2）鼻腔检查　观察鼻腔有无黏液性或浆液性分泌物、牛奶样或豆腐渣样物质（图4-218、图4-219）。

图4-218　鹅鼻腔检查

图4-219　正常鹅鼻腔

（3）口腔检查　观察口腔有无流涎、黏液分泌增多、出血、水肿、结痂、溃疡及形态异常等（图4-220、图4-221）。

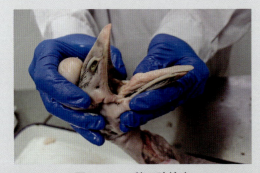

图4-220　鹅口腔检查

图4-221　鹅口腔出血

（4）喉头、气管检查　检查喉头和气管有无充血、出血、黏性渗出物、寄生虫等（图4-222至图4-225）。

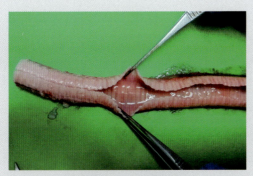

图4-222 气管检查

图4-223 气管出血

图4-224 气管内有白色黏性分泌物

图4-225 喉头出血

（王永坤等，2015.《禽病诊断彩色图谱》）

（5）气囊检查 观察气囊有无混浊、纤维素性渗出、囊壁增厚、结节、白色小点（图4-226、图4-227）。

图4-226 气囊混浊、增厚

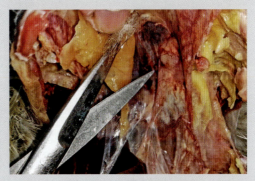

图4-227 气囊纤维性渗出

（6）体腔检查　检查腹腔内有无异常内容物，腹膜的性状、腹腔脏器的位置和外形，横膈的紧张度、有无破裂等；检查胸腔积液量和胸腔积液的性状、胸膜是否充血、胸腔内有无异常内容物（图4-228至图4-233）。

图4-228　体腔检查

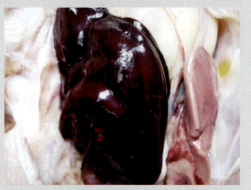

图4-229　腹腔有暗红色凝血块、肌肉和肝色淡

（王永坤等，2015.《禽病诊断彩色图谱》）

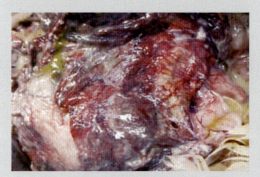

图4-230　腹膜增厚、充血、出血

（王永坤等，2015.《禽病诊断彩色图谱》）

图4-231　肝表面覆盖黄色纤维素性渗出物

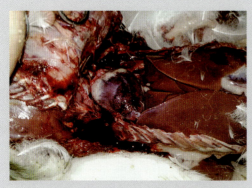

图4-232　心脏充血、出血、体腔有淤血

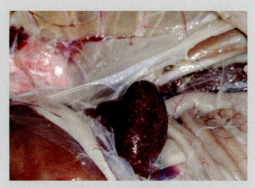

图4-233　胸膜严重充血

(三) 内脏检查

对于全净膛加工的鹅,取出内脏后应全面仔细地进行检查。半净膛者只能检查拉出的肠管。不净膛者一般不检查内脏。但在体表检查怀疑为病鹅时,可单独放置,最后剖开胸、腹腔,仔细检查体腔和内脏。

1.肺检查 检查肺有无出血、淤血、硬变、结节等(图4-234至图4-237)。

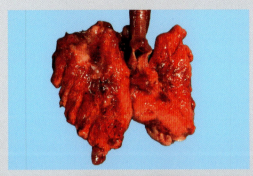

图4-234　正常肺

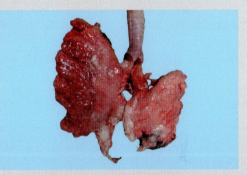

图4-235　肺部出血(黑斑)

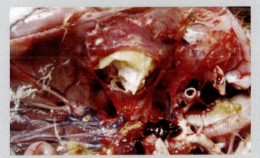

图4-236　肺部有淡黄色干酪样物
(王永坤等,2015.《禽病诊断彩色图谱》)

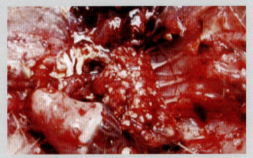

图4-237　肺部有弥漫性大小不一、淡黄色结节
(王永坤等,2015.《禽病诊断彩色图谱》)

2.肾检查 检查肾有无肿大、出血、苍白、尿酸盐沉积、结节等(图4-238至图4-241)。

图4-238　正常肾

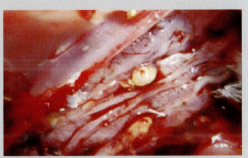

图4-239　肾肿大、出血,有蚕豆大淡黄色结节
(王永坤等,2015.《禽病诊断彩色图谱》)

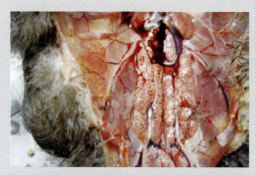

图4-240　肾稍肿大，色淡，两侧输尿管有尿
　　　　　酸盐沉积

（王永坤等，2015.《禽病诊断彩色图谱》）

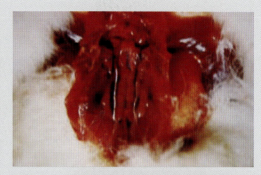

图4-241　肾稍肿大，呈深红色，输尿管扩张，
　　　　　充满白色尿酸沉淀物

（王永坤等，2015.《禽病诊断彩色图谱》）

3.腺胃、肌胃检查　检查腺胃和肌胃浆膜面有无异常，必要时剖开腺胃，检查腺胃黏膜和乳头有无肿大、淤血、出血、坏死灶和溃疡等；必要时切开肌胃，剥离角质膜，检查肌层内表面有无出血、溃疡等（图4-242至图4-247）。

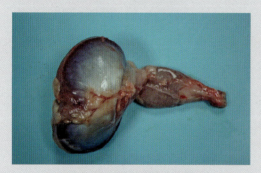

图4-242　正常腺胃、肌胃

图4-243　正常腺胃、肌胃内部

图4-244　肌胃（角质层）增生

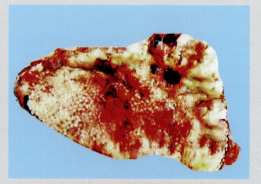

图4-245　腺胃黏膜肿胀、出血

（崔治中等，2013.《动物疫病诊断与防控彩色图谱》）

图4-246 腺胃与食道交界处有黑色出血带

（王永坤等，2015.《禽病诊断彩色图谱》）

图4-247 肌胃发生溃疡、坏死

（崔治中等，2013.《动物疫病诊断与防控彩色图谱》）

4.肠道检查 检查肠道浆膜有无异常、必要时剖开肠道，检查小肠黏膜有无淤血、出血、炎性分泌物和坏死灶等（图4-248至图4-257）。

图4-248 正常消化道

图4-249 正常十二指肠

图4-250 正常空肠

图4-251 正常鹅盲肠

图4-252　肠道溃疡

图4-253　病鹅结肠和盲肠的黏膜有大小不一
的溃疡灶

（王永坤等，2015.《禽病诊断彩色图谱》）

图4-254　病鹅肠道黏膜有弥漫性大小不一的
鲜红血斑点

（王永坤等，2015.《禽病诊断彩色图谱》）

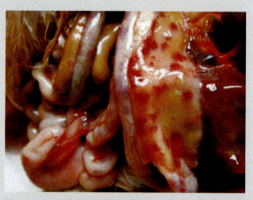

图4-255　病鹅肠道黏膜有散在性黄豆大至蚕
豆大、紫红色出血性坏死斑

（王永坤等，2015.《禽病诊断彩色图谱》）

图4-256　肠道黏膜坏死、脱落

（崔治中等，2013.《动物疫病诊断与防控彩色图谱》）

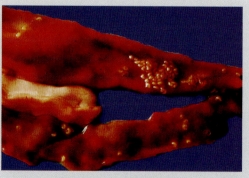

图4-257　小肠黏膜出血

（崔治中等，2013.《动物疫病诊断与防控彩色图谱》）

5.肝和胆囊检查 检查肝形状、大小、色泽及有无出血、坏死灶、结节、肿物等（图4-258至图4-261）。检查胆囊有无肿大等。

图4-258 正常肝

图4-259 正常肝内部

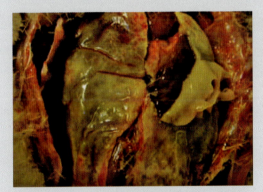

图4-260 肝覆盖一层淡黄色不匀分泌物
（王永坤等，2015.《禽病诊断彩色图谱》）

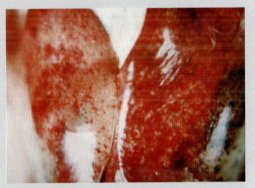

图4-261 肝肿大，有弥漫性大小不一的鲜红色出血点和出血斑
（王永坤等，2015.《禽病诊断彩色图谱》）

6.脾检查 观察脾大小、色泽、形状，检查有无出血、肿大、纤维素性渗出物、肿瘤结节、坏死灶等病变（图4-262至图4-265）。

图4-262 正常脾

图4-263 正常脾内部

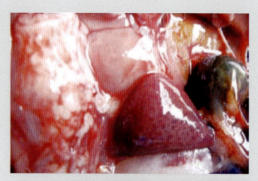

图4-264 脾肿大，呈锥形，有弥散性芝麻大暗红色出血斑

（王永坤等，2015.《禽病诊断彩色图谱》）

图4-265 脾肿大，有大小不一灰白色肿瘤结节

（王永坤等，2015.《禽病诊断彩色图谱》）

7.心脏检查 检查心包和心外膜有无炎症变化等，心冠状沟、心外膜有无出血点、坏死灶、结节等（图4-266至图4-271）。

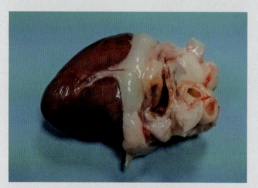

图4-266 正常心脏外观

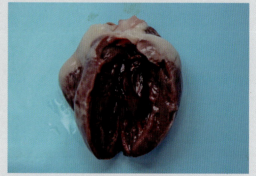

图4-267 正常心脏内部

图4-268 心包膜增厚，不同部位厚度不同，心包膜充血、出血

（王永坤等，2015.《禽病诊断彩色图谱》）

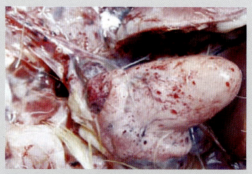

图4-269 心冠脂肪和心肌有弥散性出血点

（王永坤等，2015.《禽病诊断彩色图谱》）

图4-270　心肌有散在性出血点

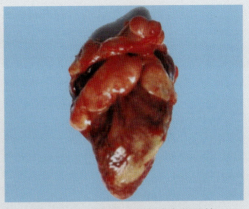

图4-271　心肌有大块灰白色坏死灶

8.法氏囊检查　观察有无肿大、出血、萎缩、肿瘤物质。剖检有无出血、干酪样物质等（图4-272、图4-273）。

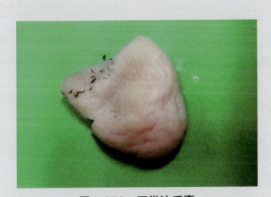

图4-272　正常法氏囊

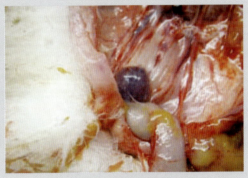

图4-273　法氏囊严重出血

（王永坤等，2015.《禽病诊断彩色图谱》）

（四）复验

兽医卫生检验人员对上述情况进行复验，官方兽医根据实际对检疫情况进行复检，综合判定结果。

（1）进行全面复验，检查病变组织、异物是否割除干净，是否有放血不全现象。

（2）将检出的品质异常的胴体及其他产品单独挑出，放入带有相应处理标识的容器内。

（3）检查内外伤是否修割干净，有无带毛情况。

（五）宰后检查后的处理

（1）全身性异常变化的胴体、病变及异常变化的内脏、局部异常变化的胴体修割部分、污染胴体修割部分，应做无害化处理。

（2）皮肤或肌肉呈现明显颜色异常的，皮肤上有较多结痂、伤肿或炎性病灶的，胴体气味异常的，体腔内有腹水、多量血液、出现肿瘤的，体腔及内脏过度粘连的，且怀疑为全身性疾病时，整只禽应做无害化处理。

（3）对胴体局部结痂或炎症、局部淤血的部位予以修割，修割下的部位应做无害化处理。

（4）发育不良、过度消瘦、放血不全的胴体应做非食用处理或无害化处理。

（5）注水、注入违禁物质的胴体及其他产品应做无害化处理。

（6）宰后检查合格的，准予出厂。

（7）宰后检查怀疑患有动物疫病的，向当地农业农村部门或动物疫病预防控制机构报告，并迅速采取隔离等控制措施。

思考题：

1. 禽屠宰前如何进行群体和个体检查？

2. 接收检查时，应检查哪些材料？若发现疑似疫情情况，应做何处理？

3. 待宰检查完成后，发现患一般疾病而不影响食用的禽如何处理？发现患急性传染病的禽如何处理？

4. 宰后检查的目的意义是什么？其在整个禽肉生产和供应链中起着什么作用？

5. 宰后胴体检查时，兽医卫生检验人员需要检验哪些方面？

6. 宰后内脏检查涉及哪些器官？其主要检查指标是什么？

7. 如何处理宰后检查中发现的不合格禽产品？

第五章

家禽屠宰实验室检验

第一节　实验室检验基本要求

一、实验室的功能要求

屠宰企业的实验室应与其屠宰规模相适应。家禽屠宰企业实验室建议设有样品保管室、样品前处理室、理化检验室、微生物检验室、寄生虫检验室、免疫学检验室、药品保存室、清洗室。各类实验室及辅助室的功能、需配备的设备设施及有关要求如下。

1.样品保管室　储存检验样品的场所，样品保管室宜设立在试验区的入口处，并配备有冰箱、冰柜等（图5-1）。

图5-1　样品保管室

2.样品前处理室　有些检验项目需要进行前处理，建议配备通风橱、工作台等。条件允许的情况下，屠宰企业有机项目检验、无机项目检验前处理可分开。样品前处理室面积建议15 m² 以上，设有独立的排风管道（外排连接）（图5-2）。

图5-2 样品前处理室

3.理化检验室 主要是对家禽肉类进行感官指标、水分含量、挥发性盐基氮、农兽药残留、非法添加物等检测。理化检验室面积宜≥30 m²，应设有通风橱、工作台，独立于生活用水的上下水管道，利于废水收集处理，设有独立的排风管道（外排连接），并设有废液收集容器（图5-3）。

图5-3 理化检验室

4.**微生物检验室** 用于菌落总数、大肠菌群及致病菌等微生物指标的检测。面积宜≥20 m²，应配备进行无菌操作的超净工作台及生物安全柜等，并有中央台、边台，独立于生活用水的上下水管道。此外，微生物检验室应根据要求配备微生物培养间、缓冲间与无菌操作间，还应配备紫外线消毒灯等消毒灭菌装置。房间应具备良好的换气和通风条件，高级别生物安全实验室宜配备独立的通排风系统，确保气流由低风险区向高风险区流动（图5-4）。

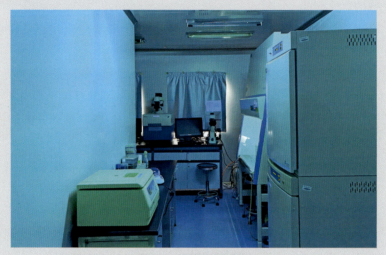

图5-4 微生物检验室

5.**寄生虫检验室** 主要用于鸡球虫等（图5-5）寄生虫的检验。实验室面积应能满足生产与寄生虫检验需要。检验室应配备相应的检验设备和清洗、消毒设施。

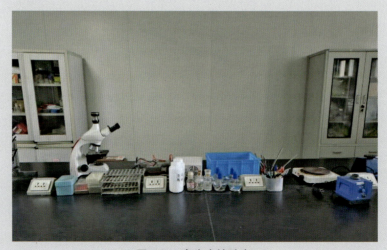

图5-5 寄生虫检验室

6. **免疫学检验室**　主要用于利用免疫学试验快速检测兽药及有毒有害非食品原料等。建议实验室面积不少于15 m²，应有工作台等基本设施（图5-6）。

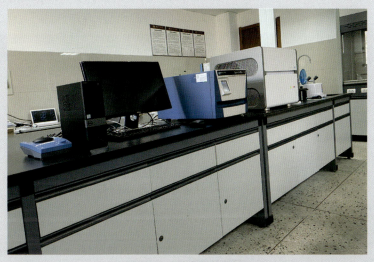

图5-6　免疫学检验室

7. **药品保存室**　专门用来存放化学试剂、药品等的地方。药品保管室应设置在阴凉、通风、干燥的地方，并有防火、防盗设施。药品柜和边台等能防强酸碱，存放有毒有害试剂、药品的应有双锁，易挥发性药品的保存需要通风良好、具有外排管路（图5-7）。

8. **清洗室**　用于洗涤烧杯、移液管等试验用品的地方。一般应设洗涤池、烘干设备等（图5-8）。

图5-7　药品保存室

图5-8　清洗室

二、不同功能实验室的仪器配置

1.样品前处理室 样品前处理室仪器设备推荐配置见表5-1。

表 5-1 样品前处理室仪器设备推荐配置

序号	名称	主要用途	规格
1	电子天平	试剂、样品和标准品等的称量	感量0.01 g、0.000 1 g
2	电热干燥箱（图5-9）	样品干燥处理	—
3	食品中心温度计	测量食品中心的温度	测温范围：−50 ~ 100 ℃
4	酸度计（图5-10）	检测液体的pH	测量范围0.00 ~ 14.00
5	离心机	样品处理过程中的离心	3 000 r/min
6	恒温箱	控制恒定温度	箱内温度10 ~ 150 ℃
7	粉碎机	样品前处理	不锈钢内胆，体积大于 85 mm × 85 mm × 200 mm
8	电加热板/炉	样品前处理	不锈钢板面，温度范围室温至380 ℃
9	便携式恒温箱	运送样品	箱内温度范围：5 ~ 45 ℃

图5-9 电热干燥箱

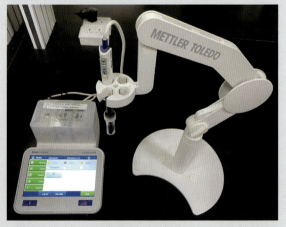

图5-10 酸度计

2.理化检验室仪器配置 理化检验室应配置通风橱（图5-11）、工作台、蒸馏装置、凯氏定氮仪、电加热炉、干燥箱、电子天平（图5-12）、离心机、移液器等。有能力的企业可配备液相色谱仪等。

3.微生物检验室仪器配置 微生物检验室仪器配置见表5-2。此外，屠宰加工企业根据规模还应配备超净工作台、生物安全柜等设备。

图5-11 通风橱　　　　　图5-12 电子天平

表5-2 微生物检验室仪器配置

序号	名称	主要用途	规格
1	显微镜（图5-13）	微生物样本观察	—
2	高压灭菌器	灭菌试剂的制备	温度范围：50～135℃
3	恒温培养箱（图5-14）	微生物培养	控温范围：5～65℃
4	电热鼓风干燥箱	干燥	内容积不少于22.5 L
5	拍打式均质器	均质	拍击速度：3～12次/min
6	纯水仪	制备超纯水	四级或五级过滤

图5-13 显微镜　　　　　图5-14 恒温培养箱

4.寄生虫检验室仪器配置 寄生虫检验室需配置显微镜和刀、剪、镊子、玻片、托盘等常规器械。

5.免疫学检验室仪器配置 免疫学检验室应配置离心机、恒温水浴锅（100 ℃，体积≥3 L）、荧光PCR仪（图5-15）、酶标仪（宜为连续波长，图5-16），以便于进行免疫学检测。

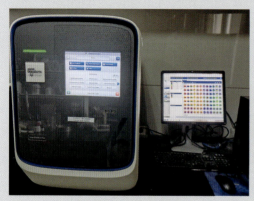

图5-15 荧光PCR仪

图5-16 酶标仪

三、主要仪器设备的管理

实验室检测结果的精准度，不仅取决于仪器设备的配置和人员的业务素质，还取决于仪器设备的管理维护。

（1）建立实验室仪器设备操作使用制度，并严格按各项操作规程进行操作。

（2）建立设备的日常维护保养制度，并对实验室内的设备定期进行擦拭、清洁等简单的保养维护。

（3）贵重仪器设备由专人负责、专人使用，其他人员不得动用。设备异常时，请专业人员来维修，正常后方可运行使用。

（4）每次使用仪器设备均按要求及时进行登记，对每次维护、维修、校准等如实记录存档（图5-17）。

（5）根据仪器设备对环境的不同要求及用途进行合理存放，不得放于潮湿、易发生腐蚀的地方。

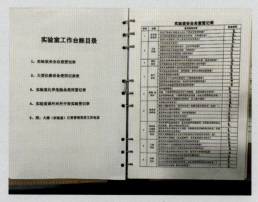

图5-17 仪器使用、维护、维修、校准等记录

（6）当检测设备偏离校准状态时，应先将此设备停用，校准后方可继续使用。对此期间检测的项目，必须对检测结果进行评定。

（7）当设备误差严重到影响试验结果时，或检定部门确定不合格时，需及时报废更换新仪器设备。

四、实验室常用试剂的质量控制及管理

在试剂使用前应对其质量进行检查确认，合格后方可使用。

（一）试剂、染色液的质量控制

所用试剂需购自规范的生产厂家，自配液按标准方法配制。配制完成经检验合格后可保存使用，并注明试剂名称、溶液浓度、配制日期、有效期等。

（二）化学试剂、药品的使用管理

遵循实验室化学品使用和储存管理规定。

（1）化学试剂、药品应指定专人保管，并有详细账目。药品购进后，及时验收、记账，使用后及时销账，掌握药品的消耗和库存数量。不外借（给）药品，特殊情况下需要外借时，必须经有关领导批准签字。

（2）化学试剂、药品必须根据化学性质分类存放于有专用柜的药品保管室。药品保管室内应干燥、阴凉、通风、避光，并配有防火、防盗安全措施。药品保管室（橱）周围及内部严禁火源。

（3）化学性质不同或灭火方法相抵触的化学试剂应分柜存放，光照易变质、易燃、易爆、易产生有毒气体的化学试剂应存放在阴凉、通风处，易燃、易爆物还应远离火源。

（4）易挥发试剂应存放在有通风设备的房间内。易制毒、易制爆化学品和剧毒化学品应专柜存放，双人双锁保管。

（5）配制的试剂应贴标签，注明名称、浓度、配制日期、有效期、配制人。配好后的试剂应放在加盖或具有塞子、适宜的洁净试剂瓶中，见光易分解的试剂应装于棕色瓶中；保存挥发性试剂的试剂瓶瓶塞要严密；保存遇空气易变质试剂的试剂瓶瓶口应用蜡封口；碱性试剂易腐蚀玻璃，应储存于聚乙烯瓶中。

（6）按一定使用周期配制试剂，不要多配。特别是危险品、毒品，应随用随配，多余试剂退库，以防长时间放置发生变质或造成事故。配置后试剂的存放时间根据其性质分别制订。除有特殊规定外，一般配制的试剂使用期限为6个月，稳定性差的临用新配，配置量适宜。

（7）化学试剂使用前首先应辨明试剂名称、浓度、纯度，是否在使用期内。

无标签或标签字迹不清，超过使用期限的试剂不得使用。使用后应立即旋好盖、密封好，以防受潮或挥发，并立即放回原处妥善保存。试剂使用应有记录（图5-18）。

图5-18　试剂使用记录

五、实验操作人员应掌握的技能及注意事项

（一）实验操作人员应掌握的技能

实验操作人员应具有职业道德，遵守职业守则。应掌握检验检疫基础知识，如家禽临床健康检查方法、常见的病理变化、微生物和理化检验、寄生虫病及诊断要点、采样操作技术等。实验操作人员了解人员防护的基本常识，在进行实验室检验时，应掌握采样、检测、试剂配制、生物安全相关知识。具体如下：

（1）在样品采集方面，要求操作人员能按规定进行血样、肉样采集，能对分泌物、排泄物和环境等样品进行采集，能进行病理组织的采集。

（2）在寄生虫检查方面，能对相关部位采样，能按规定制作压片，能熟练染色和使用显微镜，能对样品进行感官检查和镜检，能检出病变虫体和病变组织。

（3）在快速检测方面，能熟练使用快速检测试纸条，开展酶联免疫吸附试验（ELISA）。

（4）能开展挥发性盐基氮、水分等理化项目检测。

（5）能开展常规微生物检测，包括菌落总数和大肠菌群检测；在病原微生物检测方面，可开展致病性大肠杆菌和沙门氏菌等的检测。

（6）了解液相色谱、液相色谱－质谱联用仪等仪器操作流程。

（二）实验操作人员注意事项

实验操作人员应严格遵守实验操作规程和实验室安全规范。

（1）所有人员进入实验室都必须穿工作服，严禁穿着工作服离开实验室。工作服不得和日常服装放在同一柜子内。

（2）在实验操作时，必须使用合适的手套以保护工作人员，有必要时需佩戴护目镜、面罩、口罩等。

（3）工作人员不得穿凉鞋、拖鞋、高跟鞋进入实验室，宜穿平底、防滑的满口鞋。工作时不应戴首饰、手表，不应化妆。

（4）禁止在实验室工作区域储存食品和饮料；禁止在实验室工作区域进食、吸烟、化妆和处理隐形眼镜等。

（5）所有利器，如使用后的针头、破碎玻璃器皿应妥善保管在防刺、扎的硬质塑料桶（专用容器）内。

（6）实验室所有污染物和废弃物均应置于套有黄色塑料袋的桶内，污染物和废弃物桶应贴上生物危害标识，并由专门机构处理。

（三）实验室意外事件应急处置

能针对各类意外情况采取有效、及时的处理措施，确保实验室及人身安全。

（1）皮肤针刺伤或切割伤，立即用肥皂和大量流水冲洗，尽可能挤出损伤处的血液，用75%酒精或其他消毒剂消毒伤口。

（2）实验室一旦发生火灾，应保持沉着冷静，立即熄灭附近所有火源，关闭电源，并移开附近的易燃物质。小火可用湿布盖熄；火较大时应立即报警，并根据具体情况使用灭火器扑灭。

（3）工作人员发生烫伤，症状较轻时可以涂以玉树油或鞣酸油膏，重伤涂以烫伤油膏后送医院。

（4）被浓硫酸溅到时，应立即用不含水的布擦拭，再用大量清水冲洗，接着用3%～5%的碳酸氢钠溶液清洗，最后用清水冲洗；被其他酸溅到时，先用大量清水冲洗，再用3%～5%的碳酸氢钠溶液清洗，最后用清水冲洗；被碱溶液溅到时，立即用大量清水冲洗，再用2%的醋酸溶液清洗，最后用清水冲洗。

（5）发生吸入气体中毒时，应立即开窗通风，疏导其他人离开现场，将中毒者移至室外，解开衣领。吸入少量氯气或溴者，可用碳酸氢钠溶液漱口；试剂溅入口中尚未咽下者应立即吐出，用大量水冲洗口腔，如已吞下，应根据毒物性质给以解毒剂，并立即送医。

（6）如果一般病原微生物溶液泼溅在实验室工作人员皮肤上，立即用75%酒精或碘伏进行消毒，然后用清水冲洗；如果潜在感染性物质溢出，立即用布或纸巾覆盖，由外围向中心倾倒消毒剂，30 min后再用消毒剂擦拭。所有操作均需戴手套。

（7）实验室发生高致病性病原微生物污染时，工作人员应及时向实验室污染预防及应急处置专业小组报告，并立即采取控制措施，防止病原微生物扩散。

（8）实验室应备有急救箱（图5-19），内置以下物品：

①绷带、纱布、棉花、橡皮膏、创可贴、医用镊子、剪刀等。

②凡士林、玉树油或鞣酸油膏、烫伤油膏及消毒剂等。

③醋酸溶液（2%）、硼酸溶液（1%）、医用酒精、甘油、碘酊、龙胆紫、碳酸氢钠等。

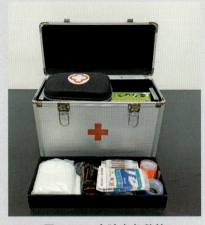

图5-19　实验室急救箱

第二节　采样方法

一、理化检验的采样方法

按照《肉与肉制品　取样方法》（GB/T 9695.19）的规定进行。

1.鲜肉的取样　从3～5片胴体或同规格的分割肉上取若干小块混为一份样品，每份样品为500～1 500 g（图5-20、图5-21）。

图5-20　分割肉取样

图5-21　胴体取样

2.冻肉的取样

（1）成堆产品　在堆放空间（图5-22、图5-23）的四角和中间设采样点，每点从上、中、下3层取若干小块混为一份样品，每份样品为500～1 500 g（图7-24）。

（2）包装冻肉　随机取3～5包混合，总量不得少于1 000 g（图5-25）。

3.样品的包装和标识　装实验室样品的容器应由取样人员封口并贴上封条（图5-26），且样品送到实验室前须贴上标签。标签应至少标注：取样人员和取样单位名称；取样地点和日期；样品的名称、等级和规格；样品特性；样品的商品代码和批号等信息（图5-27）。

图5-22 成品库（1）

图5-23 成品库（2）

图5-24 成堆产品

图5-25 包装冻肉

图5-26 样品封口

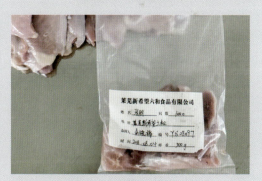

图5-27 采样信息的标注

4.样品的运输和储存

（1）取样后尽快将样品送至实验室。

（2）运输过程须保证样品完好加封。

（3）运输过程中须保证样品没有受损或发生变化。

（4）样品到实验室后尽快分析处理，易腐易变样品应置冰箱或特殊条件下储存，保证不影响分析结果。

二、微生物学检验样品的采集

按照《食品安全国家标准 食品微生物学检验 总则》（GB 4789.1）和《食品安全国家标准 食品微生物学检验 肉与肉制品采样和检样处理》（GB 4789.17）的规定进行样品采集。

1.采样要求 对于预包装肉与肉制品，独立包装重量小于或等于1 000 g的肉与肉制品，取相同批次的独立包装。独立包装重量大于1 000 g的肉与肉制品，可采集独立包装，鲜、冻家禽采集整只（图5-28），放灭菌容器内，检样采集后应立即送检。

2.处理原则 对于冷冻样品，应在45 ℃以下不超过15 min进行解冻，或18～27 ℃不超过3 h，或2～5 ℃不超过18 h解冻（检验方法中有特殊规定的除外）；对于酸度或碱度过高的样品，可添加适量的1 mol/L NaOH或HCl溶液，调节样品稀释液pH在7.0±0.5；对于坚硬、干制的样品，应在无菌条件下将样品剪切破碎或磨碎进行混匀（单次磨碎时间应控制在1 min以内）；对于脂肪含量超过20％的产品，可根据脂肪含量加入适当比例的灭菌吐温-80进行乳化混匀，添加量可按照每10％的脂肪含量加1 g/L计算（如脂肪含量为40％，加4 g/L），也可将稀释液或增菌液预热至44～47 ℃；对于皮层不可食用的样品，对皮层进行消毒后只采集其中的可食用部分；对于盐分含量较高的样品，不适合使用生理盐水，可根据情况使用灭菌蒸馏水或蛋白胨水等；对于含有多种原料的样品，应参照各成分在初始产品中所占比例对每个成分进行取样，也可将整件样品均质后进行取样。

3.采集样品的标记 应对采集的样品进行及时、准确的记录和标记（图5-29），内容包括采样人，采样地点、时间，样品名称、来源、批号、数量、保存条件等信息。

图5-28 微生物采样取整只

图5-29 采样标签

4.采集样品的储存和运输

（1）应尽快将样品送往实验室检验。

（2）应在运输过程中保持样品完整。

（3）应在接近原有储存温度条件下储存样品，或采取必要措施防止样品中微生物数量的变化。

第三节　肉品感官及理化检验

肉的变质是一个渐进又复杂的过程，很多因素都影响着对肉新鲜度的正确判断。因此，一般采用感官检验和理化检验结合的方法。

一、感官检验

鲜（冻）家禽肉的感官检验及卫生评价参照《食品安全国家标准　鲜（冻）畜、禽产品》（GB 2707）规定进行。

1.感官评定室　感官评定室恒温21 ℃左右，相对湿度65 %，空气流通（图5-30）。光照200 ～ 400 lx，自然光和人工照明结合（图5-31），白色光线垂直不闪烁。

图5-30　感官评定室

图5-31　自然光与人工照明结合

2.感官性状检验　在感官评定室对禽胴体进行感官性状检验。

（1）色泽、状态和气味检查　如图5-32至图5-35所示，观察样品的色泽、状态，嗅闻样品的气味。如图5-36所示，称取20 g切碎的试样，加水100 mL，盖表面皿，加热至50 ～ 60 ℃，闻肉有无异常气味；煮沸后肉汤应透明澄清，脂肪团聚于液面；冷却后品尝肉汤滋味，具有正常禽肉的气味和滋味。

（2）淤血检查　如图5-37所示，瘀血面积＞1 cm²的，不得检出；0.5 cm²＜面积≤1 cm²的片数不得超过抽样量的2%；面积≤0.5 cm²的，则忽略不计。

图5-32　样品置于洁净的托盘中

图5-33　表皮有光泽且色泽正常

图5-34　观察肌肉切面，有光泽且色泽正常

图5-35　闻气味，正常无异味

图5-36　肉汤状态、气味与滋味检查

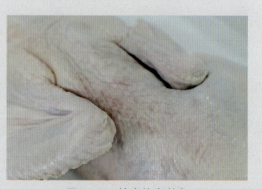

图5-37　检查体表淤血

（3）硬杆毛≤1根/10 kg为合格（长度超过12 mm或直径超过2 mm的羽毛根为硬杆毛），测量方法如图5-38所示。

（4）脏器检验 对部分脏器进行感官检验。

二、理化检验

（一）挥发性盐基氮的测定

挥发性盐基氮是动物性食品由于酶和细菌的作用，在腐败过程中，使蛋白质分解而产生氨以及胺类等碱性含氮物质。挥发性盐

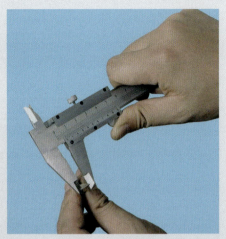

图5-38 游标卡尺测量硬杆毛长度/直径

基氮具有挥发性，在碱性溶液中蒸出，利用硼酸溶液吸收后，用标准酸溶液滴定计算挥发性盐基氮含量。测定挥发性盐基氮是衡量肉品新鲜度的重要指标之一。

测定方法参照《食品安全国家标准 食品中挥发性盐基氮的测定》（GB 5009.228）。测定方法包括半微量定氮法、自动凯氏定氮仪法、微量扩散法等。以半微量定氮法为例进行说明，检验程序见图5-39。

1. 测定过程 以自动凯氏定氮仪法为例，其操作方法如下。

（1）将样品除去脂肪、骨及腱后，绞碎搅匀，称取瘦肉部分约10.000 g。

（2）试样装入蒸馏管中，加入75 mL水，振摇，使试样在样液中分散均匀，浸渍30 min。

（3）准备利用凯氏定氮仪进行样品测定，使用前利用空白的试剂进行试运行，记下空白值V_2（图5-40）。

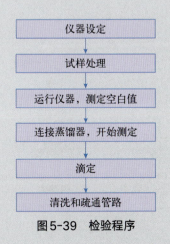

```
仪器设定
   ↓
试样处理
   ↓
运行仪器，测定空白值
   ↓
连接蒸馏器，开始测定
   ↓
滴定
   ↓
清洗和疏通管路
```

图5-39 检验程序

图5-40 空白测定

（4）往凯氏定氮仪的锥形瓶中加入30 mL硼酸接收液（图5-41）和10滴甲基红-溴甲酚绿混合指示剂（图5-42）；同时往试样蒸馏管中加入1 g氧化镁（图5-43）。

（5）立刻连接到蒸馏器上，按照仪器设定的条件和仪器操作说明书的要求开始测定（图5-44）。

图5-41　加硼酸接收液

图5-42　加甲基红-溴甲酚绿混合指示剂

图5-43　加氧化镁

图5-44　开始测定

（6）取下锥形瓶，用0.100 0 mol/L盐酸或硫酸标准溶液滴定（图5-45）。

（7）滴定至终点，溶液为蓝紫色，记录下体积V_1（图5-46）。

图7-45　用盐酸或硫酸标准溶液滴定

图7-46　滴定至终点（溶液呈蓝紫色）

（8）测定完毕及时清洗和疏通加液管路及蒸馏系统。

2.分析结果的表述 试样中挥发性盐基氮的含量计算公式为：

$$X = \frac{(V_1 - V_2) \times c \times 14}{m} \times 100$$

式中，X 为挥发性盐基氮含量（mg/100 g）；V_1 为试样消耗盐酸溶液体积（mL）；V_2 为空白试验消耗盐酸溶液体积（mL）；c 为盐酸溶液浓度（mol/L）；m 为肉样重量（g）；14 为 1 mL 盐酸标准溶液（1 mol/L）相当于含氮的毫克数（mg）。

GB 2707 规定禽肉及副产品挥发性盐基氮 ≤ 15 mg/100 g。

3.注意事项

（1）装置使用前应做清洗和密封性检查。

（2）混合指示剂必须在临用时混合，随用随配。

（3）蒸馏反应过程中，冷凝管下端必须没入接收液面下，否则可能造成测定结果误差。

（4）试验结果以重复性条件下获得的两次独立测定结果的算术平均值表示，绝对差值不得超过算术平均值的 10%。

（二）水分含量的测定

测定方法按照《畜禽肉水分限量》（GB 18394）进行，包括直接干燥法和红外线干燥法。鸡肉水分含量应 ≤ 77.0 g/100 g。

1.试样处理 剔除肉样中脂肪、筋、腱等组织（冻肉自然解冻），尽可能剪碎，颗粒试样要求长度小于 2 mm，密闭容器保存待检。

2.分析步骤

（1）直接干燥法 利用肉中水分的物理性质，在 101.3 kPa（一个大气压），温度（103±2）℃下采用挥发方法测定样品干燥减失的重量，包括吸湿水、部分结晶水和该条件下能挥发的物质，再通过干燥前后的称量数值计算出水分的含量。测定程序如图 5-47 所示。

①取洁净扁形称量瓶，于 101～105 ℃干燥箱中，瓶盖斜支于瓶边（图 5-48），加热 1.0 h（图 5-49）。

②取出盖好，置干燥器内冷却 0.5 h（图 5-50、图 5-51），称量记为 m_3，重复干燥至前后两次重量差不超过 2 mg，即为恒重（两次恒重值在最后计算中，取重量较小的一次称量值）（图 5-52、图 5-53）。

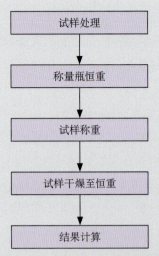

```
试样处理
  ↓
称量瓶恒重
  ↓
试样称重
  ↓
试样干燥至恒重
  ↓
结果计算
```

图5-47　直接干燥法测定程序

图5-48　称量瓶瓶盖斜支于瓶边

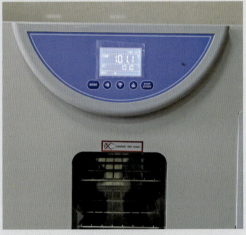

图5-49　干燥箱温度设为101 ℃

图5-50　干燥器

图5-51　干燥器内冷却0.5 h

③样品尽可能切碎，称取2.000 0～10.000 0 g放入称量瓶中，样品与称量瓶重量记为m_1（图5-54），厚度不超过5 mm，加盖，精密称量后，置于101～105 ℃干燥箱中，瓶盖斜支于瓶边，干燥2～4 h（图5-55）。

④盖好取出，放入干燥器内冷却0.5 h后称量（图5-56）。再次干燥1 h左右，取出冷却0.5 h再称量，并重复以上操作至前后两次重量差不超过2 mg，即为恒重，记恒重为m_2（图5-57）。

图5-52　干燥后称重

图5-53　重复干燥至恒重

图5-54　精确称量样品重量

图5-55　干燥箱内干燥2～4 h

图5-56　干燥后称重

图5-57　重复干燥至恒重

⑤根据以下公式计算待测禽肉样品水分含量。

A.非冷冻样品的水分含量，按如下公式进行计算：

$$X=\frac{m_1-m_2}{m_1-m_0}\times 100$$

式中，X 为试样中水分的含量（g/100 g）；m_1 为称量瓶和试样的重量（g）；m_2 为称量瓶和试样干燥后的重量（g）；m_0 为称量瓶的重量（g）；100 为单位换算系数。

B.冷冻样品或者有水分析出的样品水分含量，按以下公式进行计算：

$$W=\frac{(m_3-m_4)+m_4\times X}{m_3}\times 100$$

式中，W 为冷冻样品水分含量（g/100 g）；X 为解冻后样品水分含量（g/100 g）；m_3 为解冻前样品的重量（g）；m_4 为解冻后样品的重量（g）；100 为单位换算系数。

计算结果用两次平行测定的算术平均值表示，保留3位有效数字。在重复性条件下获得的两次独立测定结果的绝对差值不超过1%。

（2）红外干燥法（快速法）　红外线快速水分分析仪的水分测定范围为0%～100%，读数精度为0.01%，称量范围为0～30 g，称量精度为1 mg。红外线快速水分分析仪是利用红外线加热将水分从样品中去除，再用干燥前后的重量差计算出水分含量。测定程序如图5-58所示。

①接通电源并打开开关，设定干燥加热温度为105 ℃，加热时间为自动，结果表示方式为0%～100%。

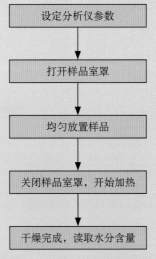

图5-58　红外线干燥法测定程序

②打开样品室罩，取一样品盘置于红外线水分分析仪的天平架上，并归零。将约5 g样品均匀铺于样品盘上（图5-59）。

③盖上样品室罩，开始加热，待完成干燥后，读取在数字显示屏上的水分含量。在配有打印机的情况下，可自动打印出水分含量（图5-60）。

图5-59　均匀放置样品

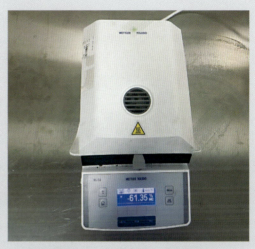

图5-60　干燥完成，读取数据

第四节　微生物学检验

菌落总数和大肠杆菌的测定分别按照《食品安全国家标准　食品微生物学检验　菌落总数测定》（GB 4789.2）和《食品安全国家标准　食品微生物学检验　大肠菌群计数》（GB 4789.3）规定的方法进行。微生物指标可参照表5-3规定执行。

表5-3　肉品微生物指标

项目	指标	
	鲜禽产品	冻禽产品
菌落总数（CFU/g）	1×10^{6}	5×10^{5}
大肠菌群（MPN）	1×10^{4}	5×10^{3}

注：CFU代表菌落形成单位（Colony-forming units），MPN代表最大可能数（Most probable number）。

一、菌落总数的测定

菌落总数是指食品检样经过处理,在一定条件下(如培养基、培养温度和培养时间等)培养后,所得每克(毫升)检样中形成的微生物菌落总数。菌落总数主要作为判别食品被污染程度的标志。标准测定方法依照《食品安全国家标准 食品微生物学检验 菌落总数测定》(GB 4789.2)进行(图5-61)。

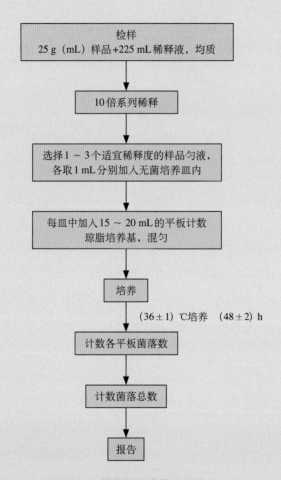

图5-61 菌落总数的检验程序

[摘自《食品安全国家标准 食品微生物学检验菌落总数测定》(GB 4789.2)]

1.样品处理 试验前对所用仪器及培养基进行高压灭菌处理。

称取25 g样品放入盛有225 mL稀释液(无菌磷酸盐缓冲液或无菌生理盐水)的无菌均质袋中(图5-62),用拍击式均质器拍打1 ~ 2 min(图5-63),制成1:10的样品匀液。

图5-62　样品装入均质袋

图5-63　样品均质

2.样品匀液10倍系列稀释　吸取1∶10样品匀液1 mL（图5-64）。将样品缓慢注入盛有9 mL稀释液的无菌试管中（注意吸管或吸头尖端不要触及稀释液面），混合均匀，制成1∶100的样品匀液（图5-65）。按上项操作，制备10倍系列稀释样品匀液。

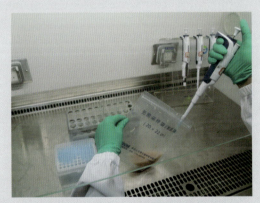

图5-64　吸取1∶10样品匀液1 mL

图5-65　10倍系列稀释

3.接种

（1）选择1～3个适宜稀释度的样品匀液。吸取1 mL样品匀液于无菌平皿内（图5-66）。

（2）将15～20 mL冷却至46 ℃的平板计数琼脂培养基（PCA）倾注平皿，转动平皿混合均匀（图5-67）。

图5-66　样品稀释匀液加入平皿

4.培养

(1) 待琼脂凝固后，将平板翻转，置培养箱（36±1）℃培养（48±2）h（图5-68）。

(2) 每个稀释度接种两个平皿，并吸取1 mL空白稀释液加入两个无菌平皿内作空白对照。

(3) 如果样品中可能含有在琼脂培养基表面弥漫生长的菌落时，可在凝固后的琼脂表面覆盖一薄层琼脂培养基（约4 mL），凝固后翻转平板，按上述条件进行培养。

5.菌落总数

(1) 肉眼观察菌落生长情况并计数，必要时用放大镜或菌落计数器，记录稀释倍数和相应的菌落数量。菌落计数以菌落形成单位表示（图5-69）。

(2) 选取菌落数在30～300 CFU、无蔓延菌落生长的平板计数菌落总数。低于30 CFU的平板记录具体菌落数，高于300 CFU可记录为多不可计。每个稀释度的菌落数采用两个平板的平均数。

(3) 其中一个平板有较大片状菌落生长时，不宜采用（图5-70），应以无片状菌落生长的平板作为该稀释度的菌落数。

图5-67　PCA倾注平皿

图5-68　置培养箱培养

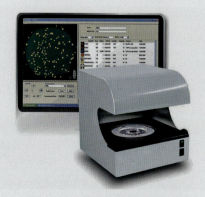

图5-69　使用菌落计数器计数

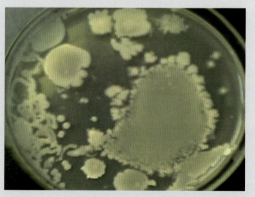

图5-70　较大片状菌落

（4）如果片状菌落不到平板的一半，而其余一半中菌落分布又很均匀，即可计算半个平板后乘以2，代表一个平板菌落数（图5-71）。

（5）平板上出现菌落间无明显界线的链状生长时，每条单链作为一个菌落计数（图5-72）。

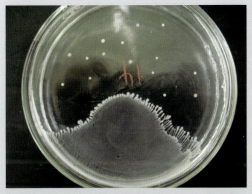

图5-71　片状菌落不到平板的一半，而其余一半中菌落分布很均匀　　　图5-72　菌落间无明显界线的链状生长

6.计算菌落总数

（1）若只有一个稀释度平板上的菌落数在适宜计数范围内，计算两个平板菌落数的平均值，再将平均值乘以相应稀释倍数，作为每克（毫升）样品中菌落总数（表5-4）。

表5-4　只有一个稀释度平板上的菌落计数

稀释液及菌落数			稀释液及菌落数	报告方式
10^{-1}	10^{-2}	10^{-3}	（CFU/g或mL）	（CFU/g或mL）
多不可计	164	20	16 400	16 000 或 1.6×10^4

（2）若有两个连续稀释度的平板菌落数在适宜计数范围内时，按下式计算：

$$N = \frac{\sum c}{(n_1 + 0.1n_2)\, d}$$

式中，N为样品中菌落数（单位为CFU）；$\sum c$为平板（含适宜范围菌落数的平板）菌落数之和（CFU）；n_1为第1稀释度（低稀释倍数）平板个数；n_2为第2稀释度（高稀释倍数）平板个数；d为稀释因子（第1稀释度）。

（3）若所有稀释度的平板上菌落数均大于300 CFU，则对稀释度最高的平板

进行计数，其他平板记录为多不可计，结果按平均菌落数乘以最高稀释倍数计算（表5-5）。

表5-5   稀释度最高的平板计数

稀释液及菌落数			稀释液及菌落数	报告方式
10^{-1}	10^{-2}	10^{-3}	（CFU/g或mL）	（CFU/g或mL）
多不可计	多不可计	313	313 000	313 000 或 $3.1×10^5$

（4）若所有稀释度的平板菌落数均小于30 CFU，则应按稀释度最低的平均菌落数乘以稀释倍数计算（表5-6）。

表5-6   稀释度最低的平板计数

稀释液及菌落数			稀释液及菌落数	报告方式
10^{-1}	10^{-2}	10^{-3}	（CFU/g或mL）	（CFU/g或mL）
27	11	5	270	270 或 $2.7×10^2$

（5）若所有稀释度平板均无菌落生长，则以小于1乘以最低稀释倍数计算（表5-7）。

表5-7   所有稀释度均无菌落生长计数

稀释液及菌落数			稀释液及菌落数	报告方式
10^{-1}	10^{-2}	10^{-3}	（CFU/g或mL）	（CFU/g或mL）
0	0	0	$1×10$	<10

（6）若所有稀释度的平板菌落数均不在30 ~ 300 CFU，则以最接近30 CFU或300 CFU的平均菌落数计算（表5-8）。

表5-8   最接近30 CFU或300 CFU的平均菌落数计数

稀释液及菌落数			稀释液及菌落数	报告方式
10^{-1}	10^{-2}	10^{-3}	（CFU/g或mL）	（CFU/g或mL）
多不可计	305	12	30 500	31 000 或 $3.1×10^4$

7.菌落计数的报告 若所有平板上为蔓延菌落而无法计数，则报告菌落蔓延；若空白对照上有菌落生长，则此次检测结果无效。

二、大肠菌群的计数

《食品安全国家标准 食品微生物学检验 大肠菌群计数》（GB 4789.3）中规定了食品中大肠菌群计数的方法分别有MPN法和平板计数法。

MPN计数法：是统计学和微生物学结合的一种定量检测法。待测样品经系列稀释并培养后，根据其未生长的最低稀释度与生长的最高稀释度，应用统计学概率论推算出待测样品中大肠菌群的最大可能数。该方法涉及的两种培养基分别为月桂基硫酸盐胰蛋白胨肉汤（LST）和煌绿乳糖胆盐肉汤（BGLB）。

平板计数法：大肠菌群在固体培养基中发酵乳糖产酸，在指示剂的作用下形成可计数的红色或紫色，带有或不带有沉淀环的菌落。

（一）大肠杆菌MPN计数法

适用于大肠菌群含量较低的食品中大肠菌群的计数，检验程序如图5-73所示。

1.测定步骤

（1）样品处理与10倍系列稀释 均与细菌总数测定时相同。

（2）初发酵试验 每个样品，选择3个适宜的连续稀释度的样品匀液，每个稀释度接种3管月桂基硫酸盐胰蛋白胨（LST）肉汤，每管LST肉汤接种1 mL样品匀液（如接种体积超过1 mL，则加到等体积的双料LST肉汤中）。从制备样品匀液开始至接种到LST肉汤完毕，全过程不得超过15 min。将已接种样品的LST肉汤管置于（36±1）℃培养（24±2）h，检查产气情况。小倒管或产气收集装置内有气泡产生，或轻轻振摇LST肉汤管可见试管内有细密气泡不断上升者，判断为产气，产气者进行复发酵试验（确认试验）。如未产气则继续培养至（48±2）h再检查产气情况，产气者进行复发酵试验；培养至（48±2）h，仍未产气者判断为大肠菌群阴性（图5-74至图5-76）。

（3）复发酵试验 轻轻振摇各产气的LST肉汤管，分别用接种环取培养物1环，转种于BGLB肉汤管中，（36±1）℃培养（24±2）h，检查产气情况，产气者判断为大肠菌群阳性；未产气者则继续培养至（48±2）h再检查产气情况，产气者判断为大肠菌群阳性，仍未产气者判断为大肠菌群阴性（图5-77至图5-80）。

2.大肠菌群最可能数（MPN）的报告 按确证的大肠菌群BGLB阳性管数，MPN表可查询GB 4789.38，报告每克（毫升）样品中大肠菌群的MPN值。

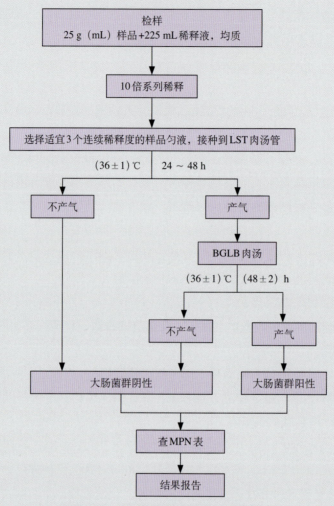

检样
25 g（mL）样品+225 mL稀释液，均质

10倍系列稀释

选择适宜3个连续稀释度的样品匀液，接种到LST肉汤管

（36±1）℃ 24～48 h

不产气

产气

BGLB肉汤

（36±1）℃ （48±2）h

不产气

产气

大肠菌群阴性

大肠菌群阳性

查MPN表

结果报告

图5-73 大肠菌群MPN计数法检验程序

[摘自《食品安全国家标准 食品微生物检验 大肠菌群计数》（GB 4789.3）]

图5-74 接种月桂基硫酸盐胰蛋白胨（LST）

图5-75 培养

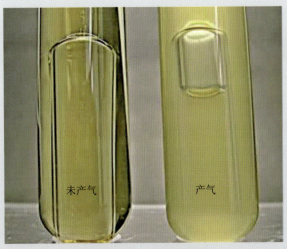
图5-76 初发酵试验结果

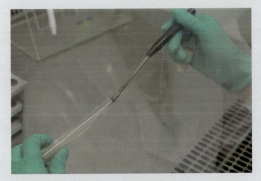
图5-77 取培养物一环

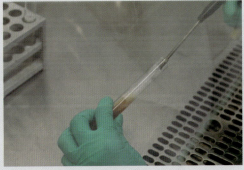
图5-78 移种于煌绿乳糖胆盐肉汤（BGLB）管中

图5-79 培养

图5-80 产气情况

（二）大肠杆菌平板计数法

适用于大肠菌群含量较高的食品中大肠菌群的计数，检验程序见图5-81。

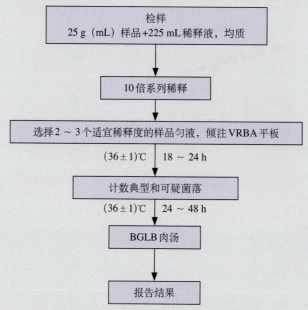

图5-81　大肠菌群平板计数法检验程序

[摘自《食品安全国家标准　食品微生物学检验　大肠菌群计数》(GB 4789.3)]

1.测定步骤

（1）样品处理　同前。

（2）平板计数　如图5-82、图5-83所示。

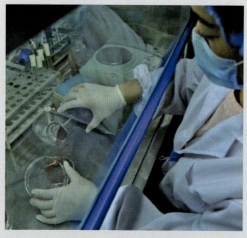

图5-82　倾注VRBA平板

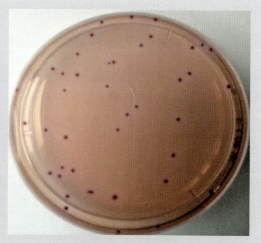

图5-83　典型菌落

（3）平板菌落数的选择　选取菌落数在15～150 CFU的平板，分别计数平板上出现的典型和可疑大肠菌群菌落（菌落直径较典型菌落小的视为可疑大肠菌群菌落）。典型菌落为红色至紫红色，菌落周围可带有红色沉淀环，菌落直径一般大于0.5 mm。可疑菌落为红色至紫红色，菌落直径一般小于0.5 mm。

（4）确认试验　从同一稀释度的VRBA平板上挑取典型和可疑菌落各5个，典型或可疑菌落少于5个者，则挑取其全部菌落。每个菌落接种1支BGLB肉汤管，(36±1)℃培养(24±2) h，检查产气情况，产气者为大肠菌群阳性；未产气者则继续培养至(48±2) h再观察，产气者为大肠菌群阳性，仍未产气者为大肠菌群阴性。

（5）结果报告　所选稀释度的典型菌落数以及可疑菌落数与各自大肠菌群阳性率的乘积之和的平均值，乘以稀释倍数，为大肠菌群的菌落数。大肠菌群的菌落数小于100 CFU时，按"四舍五入"的原则修约，以整数报告。大肠菌群的菌落数大于或等于100 CFU时，第3位数字采用"四舍五入"原则修约后，取前2位数字，后面用0代替位数；也可用10的指数形式来表示，按"四舍五入"原则修约后，保留两位有效数字。若空白对照上有菌落生长，则此次检验结果无效。

2.注意事项

（1）样品匀液pH应在6.5～7.5。从制备样品匀液至样品接种完毕，全过程不得超过15 min。

（2）最低稀释度平板低于15 CFU的记录具体菌落数。

三、沙门氏菌检验

沙门氏菌检验方法，按照《食品安全国家标准　食品微生物学检验　沙门氏菌检验》(GB 4789.4)进行。沙门氏菌检验程序如图5-84所示。

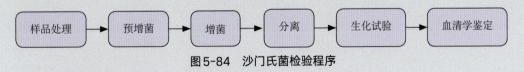

图5-84　沙门氏菌检验程序

1.样品处理　同菌落总数测定。

2.预增菌　无菌操作取25 g(mL)样品，置于盛有225 mL BPW（缓冲蛋白胨水）的无菌均质杯中，以8 000～10 000 r/min均质1～2 min，或置于盛有225 mL BPW的无菌均质袋内，用拍击式均质器拍打1～2 min。对于液态样品，也可置于盛有225 mL BPW的无菌锥形瓶或其他合适容器中振荡混匀。如需调节pH时，用1 mol/L NaOH或HCl调pH至6.8±0.2。

无菌操作将样品转至500 mL锥形瓶或其他合适容器内（如均质杯本身具有无孔盖或使用均质袋时，可不转移样品），置于（36±1）℃培养8～18 h。冷冻样品如需解冻，取样前在40～45℃的水浴中解冻不超过15 min，或在2～8℃冰箱缓慢化冻不超过18 h。

3.选择性增菌　轻轻摇动预增菌的培养物，移取0.1 mL转种于10 mL RVS（氯化镁孔雀绿大豆胨增菌液）中，混匀后于（42±1）℃培养18～24 h。同时，另取1 mL转种于10 mL TTB（四硫磺酸盐煌绿）增菌液中后混匀（图5-85），低背景菌的样品（如深加工的预包装食品等）置于（36±1）℃培养18～24 h，高背景菌的样品（如生鲜禽肉等）置于（42±1）℃培养18～24 h。

图5-85　移取1 mL样品混合物转种于TTB增菌液内

如有需要，可将预增菌的培养物在2～8℃冰箱保存不超过72 h，再进行选择性增菌。

4.分离　振荡混匀选择性增菌的培养物后，用直径3 mm的接种环取每种选择性增菌的培养物各一环，分别划线接种于一个BS（亚硫酸铋）琼脂平板和一个XLD（木糖赖氨酸脱氧胆盐）琼脂平板，也可使用HE（Hektoen Enteric Agar Plate）琼脂平板、DHL（沙门氏菌显色）培养基平板（图5-86）或其他合适的分离琼脂平板，于（36±1）℃分别培养40～48 h（BS琼脂平板）或18～24 h [XLD琼脂平板（图5-87）、HE琼脂平板、沙门氏菌显色培养基平板（图5-88）]，观察各个平板上生长的菌落（图5-89），是否符合表5-9的菌落特征。

图5-86　接种前（HE、DHL）琼脂平板

如有需要，可将选择性增菌的培养物在2～8℃冰箱保存不超过72 h，再进行分离。

图5-87 沙门氏菌在BS和XLD琼脂平板上的菌落特征
A.BS琼脂平板 B.XLD琼脂平板

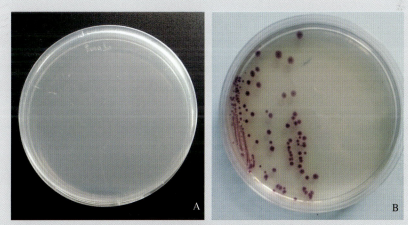

图5-88 沙门氏菌在显色培养基上的菌落特征
A.接种前培养基 B.接种培养后

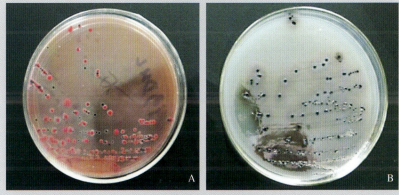

图5-89 沙门氏菌在DHL和HE琼脂平板上的菌落特征
A.DHL琼脂平板 B.HE琼脂平板

表 5-9 不同分离琼脂平板上沙门氏菌的菌落特征

分离琼脂平板	菌落特征
BS琼脂	菌落为黑色有金属光泽、棕褐色或灰色，菌落周围培养基可呈黑色或棕色；有些菌株形成灰绿色的菌落，周围培养基不变色
XLD琼脂	菌落呈粉红色，带或不带黑色中心，有些菌株可呈现大的带光泽的黑色中心，或呈现全部黑色的菌落；有些菌株为黄色菌落，带或不带黑色中心
HE琼脂	蓝绿色或蓝色，多数菌落中心黑色或几乎全黑色；有些菌株为黄色，中心黑色或几乎全黑色
沙门氏菌显色培养基	符合相应产品说明书的描述

5.生化试验

（1）挑取4个以上典型或可疑菌落进行生化试验，这些菌落宜分别来自不同选择性增菌液的不同分离琼脂；也可先选其中一个典型或可疑菌落进行试验，若鉴定为非沙门氏菌，再取余下菌落进行鉴定。将典型或可疑菌落接种三糖铁琼脂，先在斜面划线，再于底层穿刺；同时接种赖氨酸脱羧酶试验培养基和营养琼脂（或其他合适的非选择性固体培养基）平板，于（36±1）℃培养18～24 h。三糖铁和赖氨酸脱羧酶试验的结果及初步判断见表5-10。将已挑菌落的分离琼脂平板于2～8℃保存，以备必要时复查。

（2）初步判断为非沙门氏菌者，直接报告结果。对疑似沙门氏菌者，从营养琼脂平板上挑取其纯培养物接种蛋白胨水（供做靛基质试验）、尿素琼脂（pH7.2）、氰化钾（KCN）培养基，也可在接种三糖铁琼脂和赖氨酸脱羧酶试验培养基的同时，接种以上3种生化试验培养基，于（36±1）℃培养18～24 h，按表5-10判定结果。

表 5-10 三糖铁和赖氨酸脱羧酶试验结果及初步判断

三糖铁				赖氨酸脱羧酶	初步判断
斜面	底层	产气	硫化氢		
K	A	+（−）	+（−）	+	疑似沙门氏菌
K	A	+（−）	+（−）	−	疑似沙门氏菌
A	A	+（−）	+（−）	+	疑似沙门氏菌
A	A	+/−	+/−	−	非沙门氏菌
K	K	+/−	+/−	+/−	非沙门氏菌

注：K，产碱；A，产酸；+，阳性；−，阴性；+（−），多数阳性，少数阴性；+/−，阳性或阴性。

符合表5-11中A1者，为沙门氏菌典型的生化反应，进行血清学鉴定后报告结果。尿素、氰化钾和赖氨酸脱羧酶中如有1项不符合A1，按表5-12进行结果判断；尿素、氰化钾和赖氨酸脱羧酶中如有2项不符合A1，判断为非沙门氏菌并报告结果。

表5-11　生化试验结果鉴别表（一）

序号	硫化氢	靛基质	尿素(pH7.2)	氰化钾	赖氨酸脱羧酶
A1	+	−	−	−	+
A2	+	+	−	−	+
A3	−	−	−		+/−

注：+，阳性；−，阴性；+/−，阳性或阴性。

表5-12　生化试验结果鉴别表（二）

尿素(pH7.2)	氰化钾	赖氨酸脱羧酶	判断结果
−	−	−	甲型副伤寒沙门氏菌（要求血清学鉴定结果）
−	+	+	沙门氏菌Ⅳ或Ⅴ（符合该亚种生化特性并要求血清学鉴定结果）
+	−	+	沙门氏菌个别变体（要求血清学鉴定结果）

注：+，阳性；−，阴性。

6.血清学鉴定（必要时）

（1）培养物自凝性检查　一般采用琼脂含量为1.2%～1.5%的纯培养物进行玻片凝集试验。进行自凝性检查，在洁净的玻片上滴加1滴生理盐水，取适量待测菌培养物与之混合，成为均一性的混浊悬液，将玻片轻轻摇动30～60 s，在黑色背景下观察反应（必要时用放大镜观察），若出现可见的菌体凝集，即认为有自凝性，反之无自凝性。对无自凝的培养物参照下面方法进行血清学鉴定。

（2）多价菌体抗原（O）鉴定　在玻片上划出两个大小约1 cm×2 cm的区域，挑取待测菌培养物，各放约一环于玻片上的每一区域上部，在其中一个区域下部加1滴多价菌体（O）血清（图5-90），在另一区域下部加入1滴生理盐水（图5-91），作为对照。再用无菌的接种环或针将两个区域内的待测菌培养物，分别与血清和生理盐水研成乳状液。将玻片倾斜摇动1 min，并对着黑暗背景进行观察，与对照相比，出现可见的菌体凝集者为阳性反应（图5-92）。O血清不凝集时，将菌株接种在琼脂含量较高（如2%～3%）的培养基上培养后再鉴定，如果是由于Vi（Virulence antigen，毒力）抗原的存在而阻止了O血清的凝集反应时，可挑取待测菌培养物

1 mL在生理盐水中制成浓菌液，在沸水中水浴20～30 min，冷却后再进行鉴定。

（3）多价鞭毛抗原（H）鉴定　按（2）的操作，将多价菌体（O）血清换成多价鞭毛（H）血清，进行多价鞭毛抗原（H）鉴定。H抗原发育不良时，将菌株接种在半固体琼脂平板的中央，待菌落蔓延生长时，在其边缘部分取菌鉴定；或将菌株接种在装有半固体琼脂的小玻管培养1～2代，自远端取菌再进行鉴定。

图5-90　加入血清

图5-91　加入生理盐水对照

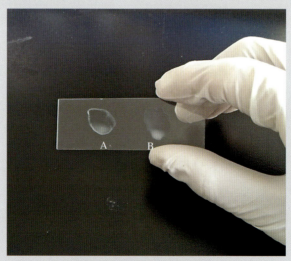

图5-92　血清凝集试验结果

A.凝集者出现颗粒　B.不凝集者呈均匀混浊

第五节　兽药及有毒有害非食品原料的检测

　　兽药及有毒有害非食品原料检测常用筛选法、定量和确证方法。筛选法包括酶联免疫吸附试验（ELISA）和胶体金免疫层析法（试纸卡法），优点是成本低、携带方便、使用快捷；缺点是假阳性结果较高，且灵敏度相对较低，不能定量，因此必须再经仪器进行确证。定量和确证常用方法有高效液相色谱法（HPLC）、液相色谱-串联质谱法（LC-MS/MS）和气相色谱-串联质谱法（GC-MS），这些方法具有灵敏度高、选择性强和定量准确的优点。兽医卫生检验人员需熟练掌握兽药残留及有毒有害非食品原料的筛选法。

一、兽药类别及其测定方法

　　农业农村部印发的《2025年畜禽产品兽药残留监控计划》中规定的以鸡肉为代表的家禽中的主要兽药残留检测方法及判定标准见表5-13。

表 5-13　兽药残留检测方法及判定标准

动物/组织	药物	推荐检测方法	监测药物	判定标准（μg/kg）
鸡/肉	酰胺醇类	《食品安全国家标准　动物性食品中酰胺醇类药物及其代谢物残留量的测定　液相色谱-串联质谱法》（GB 31658.20）	氯霉素	不得检出
			甲砜霉素	50
			氟苯尼考	100（氟苯尼考与氟苯尼考胺之和）
	四环素类+磺胺类+喹诺酮类+抗菌增效剂	《食品安全国家标准　动物性食品中四环素类、磺胺类和喹诺酮类药物残留量的测定　液相色谱-串联质谱法》（GB 31658.17）　动物性食品中四环素类、磺胺类和喹诺酮类药物残留量的测定　液相色谱-串联质谱法（为推荐检测方法，由中国兽医药品监察所另发，该方法仅检测甲氧苄啶、氧氟沙星、培氟沙星、洛美沙星、诺氟沙星）	土霉素	200（土霉素、金霉素、四环素单个或组合）

（续）

动物/组织	药物	推荐检测方法	监测药物	判定标准（μg/kg）
鸡/肉	四环素类+磺胺类+喹诺酮类+抗菌增效剂	《食品安全国家标准 动物性食品中四环素类、磺胺类和喹诺酮类药物残留量的测定 液相色谱–串联质谱法》（GB 31658.17）动物性食品中四环素类、磺胺类和喹诺酮类药物残留量的测定 液相色谱–串联质谱法（为推荐检测方法，由中国兽医药品监察所另发，该方法仅检测甲氧苄啶、氧氟沙星、培氟沙星、洛美沙星、诺氟沙星）	金霉素	200（土霉素、金霉素、四环素单个或组合）
			四环素	
			多西环素	100
			甲氧苄啶	50
			磺胺二甲嘧啶	100
			磺胺嘧啶	100（兽药原形之和）
			磺胺甲噁唑	
			磺胺噻唑	
			磺胺间甲氧嘧啶	
			磺胺对甲氧嘧啶	
			酞磺胺噻唑	
			磺胺氯哒嗪	
			噁喹酸	100
			氟甲喹	500
			恩诺沙星	100（恩诺沙星与环丙沙星之和）
			环丙沙星	
			二氟沙星	300
			达氟沙星	200
			氧氟沙星	2
			培氟沙星	2
			洛美沙星	2
			诺氟沙星	2
	大环内酯类和林可胺类	《畜禽肉中林可霉素、竹桃霉素、红霉素、替米考星、泰乐菌素、克林霉素、螺旋霉素、吉它霉素、交沙霉素残留量的测定 液相色谱-串联质谱法》（GB/T 20762）	红霉素	100（红霉素A）
			吉他霉素	200
			泰乐菌素	100（泰乐菌素A）
			替米考星	150
			林可霉素	200
	硝基呋喃类	《动物源性食品中硝基呋喃类药物代谢物残留量检测方法 高效液相色谱/串联质谱法》（GB/T 21311）	呋喃唑酮	不得检出（氨基唑烷酮、甲基吗啉氨基唑烷酮、氨基乙内酰脲、氨基脲）
			呋喃它酮	
			呋喃妥因	
			呋喃西林	

(续)

动物/组织	药物	推荐检测方法	监测药物	判定标准（μg/kg）
鸡/肉	硝基咪唑类	《食品安全国家标准　动物性食品中硝基咪唑类药物残留量的测定　液相色谱-串联质谱法》（GB 31658.23）《动物源食品中硝基咪唑残留量检验方法》（GB/T 21318）	甲硝唑	不得检出 ND（甲硝唑、羟基甲硝唑、地美硝唑、羟基地美硝唑）
			地美硝唑	
	抗球虫药	《食品安全国家标准　鸡可食组织中抗球虫药物残留量的测定　液相色谱-串联质谱法》（GB 31613.5）《食品安全国家标准　鸡可食性组织中地克珠利残留量的测定　高效液相色谱法》（GB 29701）《食品安全国家标准　动物性食品中尼卡巴嗪残留标志物残留量的测定　液相色谱-串联质谱法》（GB 29690）	常山酮	100
			氯苯胍	100
			盐霉素	600
			莫能菌素	10
			甲基盐霉素	15（甲基盐霉素 A）
			马度米星铵	240
			地克珠利	500
			尼卡巴嗪	200（4,4-二硝基均二苯脲）

二、酶联免疫吸附法（ELISA）

1.方法原理　基于抗原抗体反应进行竞争性抑制测定。酶标板的微孔包被有偶联抗原，加标准品或待测样品，再加对应药物单克隆抗体和酶标记物。包被抗原与加入的标准品或待测样品竞争抗体，酶标记物与抗体结合。通过洗涤除去游离的抗原、抗体及抗原抗体复合物。加底物液，使结合到板上的酶标记物将底物转化为有色产物。加终止液，在450 nm处测定吸光度值，根据吸光度值计算对应药物的浓度。

2.测定步骤　以磺胺类药物为例，介绍鸡肉、鸡肝中兽药残留的酶联免疫吸附法检测方法。磺胺类药物的检测按照农业部1025号公告-7-2008《动物性食品中磺胺类药物残留检测　酶联免疫吸附法》操作。

（1）样品的制备　取新鲜或解冻的空白或供试动物组织，剪碎，置于组织匀浆机中高速匀浆。

（2）前处理过程　称取试料（2±0.02）g于50 mL离心管中，加乙腈8 mL，振荡20 min，4 000 r/min离心5 min；分取上清液2.5 mL于10 mL离心管中，于50 ℃水浴下氮气吹干；加正己烷1 mL，涡动20 s溶解残留物，再加缓冲液工作液1 mL，涡动1 min，4 000 r/min离心10 min，取下层水相20 μL分析。

（3）测定

①使用前将试剂盒于室温（19 ~ 25 ℃）下放置1 ~ 2 h。

②每个标准溶液和试样溶液按两个或两个以上平行计算，将所需数目的酶标板条插入板架。

③加系列标准溶液或试样液20 μL于对应的微孔中（图5-93、图5-94），随即加酶标记物工作液50 μL/孔（图5-95），再加磺胺类药物抗体工作液80 μL/孔（图5-96），轻轻振荡混匀，用盖板膜盖板（5-97），置25 ℃避光反应60 min。

④倒出孔中液体，将酶标板倒置在吸水纸上拍打（图5-98），以保证完全除去孔中的液体，加洗涤工作液250 μL/孔（图5-99），5 s后倒掉孔中液体，将酶标板倒置在吸水纸上拍打，以保证完全除去孔中液体。再加洗涤工作液250 μL/孔，重复操作两遍以上（或用洗板机洗涤）。

⑤加底物A液（图5-100）和B液（图5-101）各50 μL/孔，轻轻振荡混匀，用盖板膜盖板，室温下避光反应30 min。

⑥加终止液50 μL/孔（图5-102），轻轻振荡混匀，置酶标仪于450 nm波长处测量吸光度值（图5-103）。

图5-93　加标准品于微孔吸板中

图5-94　加样品

图5-95　加酶标记物工作液

图5-96　加抗体工作液

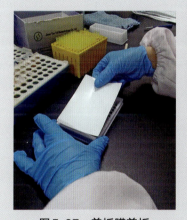

图5-97　盖板膜盖板

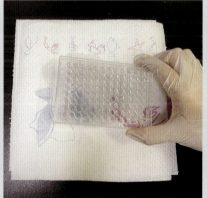

图5-98　用吸水纸拍干

图5-99　洗板

图5-100　加入底物A液

图5-101　加入底物B液

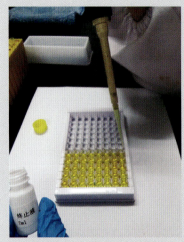
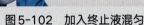

图5-102　加入终止液混匀

图5-103　置酶标仪于450 nm波长处检测读取数据

（4）结果判定与表述　用所获得的标准溶液和试样溶液吸光度值的比值按以下公式进行计算：

$$相对吸光度值（\%）=\frac{B}{B_0}\times100\%$$

式中，B为标准（试样）溶液的吸光度值；B_0为空白（浓度为0标准溶液）的吸光度值。

将计算的相对吸光度值（%）对应磺胺类药物标准品浓度（μg/L）的自然对数做半对数坐标系统曲线图，对应的试样浓度可从校正曲线算出。

方法筛选结果为阳性的样品，需要用确证方法确证。

（5）交叉反应率（表5-14）

表5-14　交叉反应率

竞争物	交叉反应率
磺胺二甲嘧啶	100
磺胺二甲氧嘧啶	23
磺胺甲基嘧啶	12
磺胺嘧啶	＜1%
磺胺甲基异噁唑	＜1%
磺胺噻唑	＜1%
磺胺噻唑	＜1%

（续）

竞争物	交叉反应率
磺胺喹噁啉	<1%
磺胺间甲氧嘧啶	<1%

（6）检测方法灵敏度、准确度、精密度

①灵敏度　本方法在鸡肉、鸡肝样品中的检测限均为2.0 μg/kg。

②准确度　本方法在10～50 μg/kg的空白添加回收率范围为60%～120%。

③精密度　本方法的批内变异系数<20%，批间变异系数<30%。

三、胶体金免疫层析法（试纸卡法）

以四环素类药物为例，介绍禽肉中兽药残留的胶体金免疫层析法。四环素类药物的检测按照《动物源性食品中四环素类药物的快速检测　胶体金免疫层析法》（KJ 202303）操作。

1.原理　本方法采用竞争免疫层析原理。样品中四环素类药物经提取后，与胶体金标记的特异性抗体结合抑制抗体与试纸条中检测线（T线）上抗原的结合，从而导致试纸条上检测线颜色深浅的变化。通过检测线与控制线（C线）颜色深浅比较，对样品中四环素类药物残留量进行定性判定。

2.试剂与材料

（1）除另有规定外，本方法所用试剂均为分析纯，试验用水为GB/T 6682规定的二级水，乙腈（CH_3CN），磷酸氢二钠（Na_2HPO_4，优级纯），一水合柠檬酸（$C_6H_8O_7 \cdot H_2O$），氢氧化钠（NaOH），盐酸（HCl，37%），乙二胺四乙酸二钠（$Na_2EDTA \cdot 2H_2O$），十二水合磷酸氢二钠（$Na_2HPO_4 \cdot 12H_2O$），二水合磷酸二氢钠（$Na_2HPO_4 \cdot 2H_2O$），氯化钠（NaCl）。

（2）乙腈溶液　分别量取180 mL乙腈和20 mL水，混合均匀。

磷酸氢二钠溶液（0.2 mol/L）：称取28.41 g磷酸氢二钠于500 mL烧杯中，加入200 mL水，充分搅拌至溶解，加水定容至1 L。

柠檬酸溶液（0.1 mol/L）：称取21.01 g一水合柠檬酸于500 mL烧杯中，加入200 mL水，充分搅拌至溶解，加水定容至1 L。

氢氧化钠溶液（1 mol/L）：称取4.00 g氢氧化钠于50 mL烧杯中，加入20 mL水，充分搅拌至溶解，待冷却至室温，加水定容至100 mL。

样品提取液：分别量取 625 mL 磷酸氢二钠溶液（0.2 mol/L）和 1 000 mL 柠檬酸溶液（0.1 mol/L）混合均匀，加入适量盐酸或氢氧化钠溶液（1 mol/L）将 pH 调节至 4.0，再加入 60.50 g 乙二胺四乙酸二钠充分搅拌至溶解。或使用胶体金免疫层析检测试剂盒配套提取液。

组织样本稀释液：分别称取 29.01 g 十二水合磷酸氢二钠、2.96 g 二水合磷酸二氢钠、5.84 g 氯化钠于 500 mL 烧杯中，加入 200 mL 水，充分搅拌至溶解，加入适量氢氧化钠溶液（1 mol/L）将 pH 调节至 8.0 加水定容至 1 L。或使用胶体金免疫层析检测试剂盒配套稀释液。

（3）标准物质　四环素类药物标准物质的中文名称、英文名称、CAS 号、分子式、相对分子质量见表5-15，纯度≥95%。

表5-15　四环素类药物标准物质信息

中文名称	英文名称	CAS号	分子式	相对分子质量
四环素	Tetracycline	60-54-8	$C_{22}H_{24}N_2O_8$	444.44
金霉素	Chlortetracycline	57-62-5	$C_{22}H_{23}C_1N_2O_8$	478.88
土霉素	Oxytetracycline	79-57-2	$C_{22}H_{24}N_2O_8$	460.43
多西环素	Doxycycline	564-25-0	$C_{22}H_{24}N_2O_8$	444.44

（4）标准溶液配制　四环素类药物标准储备液（100 μg/mL）：分别准确称取适量四环素类药物标准物质于烧杯中溶解后转移至 100 mL 容量瓶中，用乙腈溶液溶解并稀释至刻度，摇匀，配制成 100 μg/mL 的四环素类药物标准储备液。此溶液密封后避光 −20 ℃保存，有效期 6 个月。四环素类药物标准工作液 A（1 μg/mL）：分别准确移取四环素类药物标准储备溶液（100 μg/mL）1 mL 于 100 mL 容量瓶中，用乙腈溶液稀释至刻度，摇匀，配制成 1 μg/mL 的四环素类药物标准工作液 A。此溶液密封后避光 2～8 ℃保存，有效期 7 d。四环素类药物标准工作液 B（0.21 μg/mL）：分别准确移取四环素类药物标准工作液 A（1 μg/mL）21 mL 于 100 mL 容量瓶中，用乙腈溶稀释至刻度，摇匀，配制成 0.1 μg/mL 的四环素类药物标准工作液 B。临用现配。

（5）材料　四环素类药物胶体金免疫层析试剂盒：金标微孔（含胶体金标记的特异性抗体）、试纸条及配套试剂。

3. 分析步骤

（1）试样制备与提取　取约 100 g 具有代表性的样品（去皮去脂肪），用均质器制成糜状，分别装入洁净容器作为试样和留样，密封，标记，置于 −20 ℃条件下避光保存。准确称取（1±0.05）g试样于10 mL离心管中，加入3 mL样品提取液，振荡提取2 min，4 000 r/min离心5 min，取200 μL上清液，加入200 μL的组织样本稀释液，涡旋混匀10 s，为待测液。

（2）测定　吸取150 μL上述待测液于金标微孔中，抽吸至孔底的紫红色颗粒完全溶解，于孵育器中20～25 ℃孵育3 min，将试纸条下端插入金标微孔溶液底部，于孵育器中20～25 ℃反应5 min，拔出试纸条，刮掉下端样品垫，判读结果。

4.质控试验　每批样品应同时进行空白试验和加标质控试验。

（1）空白试验　称取空白试样，按照3（1）和3（2）步骤与样品同法操作。

（2）加标质控试验　准确称取（1±0.05）g试样于10 mL离心管中，加入100 μL的四环素类药物标准工作液A（1 μg/mL），使试样中四环素类药物含量为100 μg/kg。按照3（1）和3（2）步骤与样品同法操作。

5.结果判定要求

（1）通则　采用目视法对结果进行判读，目视判定示意见图5-104。结果有以下几种：

无效结果：控制线（C线）不显色，表明操作不正确或试纸条已失效，检测结果无效。

阳性结果：控制线（C线）显色，检测线（T线）不显色或比控制线（C线）颜色浅，表明样品中四环素类含量高于方法检出限，判为阳性。

阴性结果：控制线（C线）显色，检测线（T线）颜色比控制线（C线）颜色深或者与控制线（C线）颜色相当，表明样品中四环素类含量低于方法检出限，判为阴性。

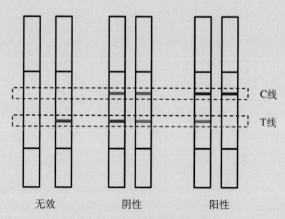

图5-104　目视判定示意

[摘自《动物源性食品中四环素类药物的快速检测　胶体金免疫层析法》（KJ 202303）]

（2）质控试验要求 空白试验测定结果应为阴性，加标质控试验测定结果应为阳性。

6.结论 当检测结果为阳性时，应以参比方法对结果进行确证。

7.性能指标

（1）检出限 鸡肉中四环素、金霉素、土霉素、多西环素为100 µg/kg。

（2）灵敏度 灵敏度≥99%。

（3）特异性 特异性≥95%。

甲烯土霉素、地美环素交叉反应率分别为200%、10%。

（4）交叉反应率 甲烯土霉素<200%，地美环素<10%，罗利环素、米诺环素<1%，替加环素、奥玛环素、红霉素庆大霉素、氯霉素、环丙沙星、磺胺二甲基嘧啶≤0.1%。

（5）假阴性率 假阴性率≤1%。

（6）假阳性率 假阳性率≤5%。

8.其他 鸡肉参比方法为《动物源性食品中四环素类兽药残留量检测方法 液相色谱-质谱/质谱法与高效液相色谱法》（GB/T 21317）（包括所有的修改单）。

思考题：

1.家禽屠宰理化检验室涉及的主要检测项目有哪些？

2.家禽屠宰微生物学检验样品采集后应标记哪些基本信息？

3.简述直接干燥法测定禽肉水分含量的基本原理及关键操作步骤。

4.简述理化检验样品采集的要求。

5.兽药及有毒有害非食品原料检测中筛选法（如ELISA和试纸卡法）的主要优点和缺点是什么？

（曲道峰）

记录、证章、标识和标志

第一节　家禽屠宰检查记录

家禽屠宰检查记录是记载家禽屠宰检疫、肉品品质检验过程及最终结果的原始记录，应包括屠宰检疫和肉品品质检验相关的所有记录，梳理汇总后留存备查。

屠宰检疫和肉品品质检验是动物源性食品安全的重要保障，是防止违法违规运输的、病死的动物非法进入屠宰厂（场），防范病害动物产品、注水肉、劣质肉、违法添加有毒有害物质的动物产品等进入市场的关键关卡。检疫和检验工作记录是规范动物检疫和肉品品质检验工作程序的重要手段，是扎实做好痕迹化管理的关键措施，是建设动物源性食品安全可追溯体系的基础支撑，也是确保消费者吃上放心肉的必然要求。

根据实施主体和工作内容的不同，家禽屠宰相关记录主要有屠宰检疫记录和屠宰企业应建立的工作记录。屠宰检疫是对家禽在屠宰前的临床健康检查，以及屠宰过程中的同步检疫，检疫对象是高致病性禽流感等传染病（包括寄生虫病），由法律授权的动物卫生监督机构派出的官方兽医按照《家禽屠宰检疫规程》实施检疫并记录；肉品品质检验是入场前的查证验物、宰前检验、宰后检验，以及对动物产品在出厂前就其新鲜度、水分、规格等进行的检查，由屠宰企业自行配备的兽医卫生检验人员实施检验并记录。

一、屠宰检疫工作记录

1. 记录内容　按照《家禽屠宰检疫规程》的规定，官方兽医应当做好检疫申报、宰前检查、同步检疫、检疫结果处理等环节记录。检疫不合格的动物、动物产品，由官方兽医出具检疫处理通知单。检疫申报单和检疫工作记录保存期限不得少于12个月。电子记录与纸质记录具有同等效力。

2010年发布的《农业部关于印发动物检疫合格证明等样式及填写应用规范的通知》（农医发〔2010〕44号），统一了动物检疫申报单（图6-1）、检疫处理通知单（图6-2）格式。

在《关于印发〈动物检疫工作记录规范〉的通知》（疫控（督）〔2013〕135号）中，统一制定了动物检疫记录格式，其中屠宰检疫工作情况日记录表（表6-1）及屠

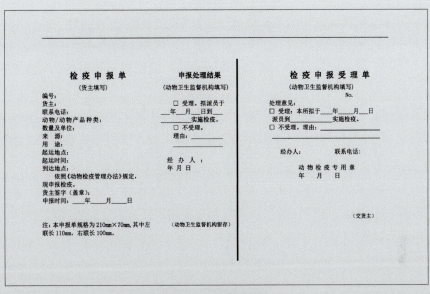

图6-1 检疫申报单

图6-2 检疫处理通知单

宰检疫无害化处理情况日汇总表（表6-2）由官方兽医每日填写，"皮、毛、绒、骨、蹄、角检疫情况记录表（表6-3）由实施检疫的官方兽医填写。

根据《家禽屠宰检疫规程》的要求，应按照一定比例抽检同步检疫情况，并做好记录（表6-4）。

2.填写及存档要求 根据《关于印发〈动物检疫工作记录规范〉的通知》（疫控（督）〔2013〕135号）规定，动物检疫工作记录可采用纸质版形式，也可采用电子版形式。采取纸质版填写的应符合下列要求：使用蓝色、黑色钢笔或签字笔填写；逐一填写所列项目，不得漏项、错项；填写准确规范，字迹工整清晰；一经填写，不得涂改；具体填写要求遵照每个单项单（表）的填写说明。采取电子版形式的，内容和格式应与纸质版相统一。

动物检疫工作记录单（表）和动物检疫工作汇总表填写后由动物卫生监督机构按月统一收集整理，并作为动物卫生监督业务报表的依据。动物检疫工作记录单，屠宰检疫工作情况日记录表，皮、毛、绒、骨、蹄、角检疫情况记录表及屠宰检疫无害化处理情况日汇总表应与动物检疫合格证明、检疫处理通知单等一一对应后归并存档。动物卫生监督机构应设专人专柜妥善保管，不得遗失。

动物卫生监督机构的派出人员应按规定汇总动物检疫工作记录数据，并按月上报县级动物卫生监督机构。县级动物卫生监督机构应按月对数据进行统计汇总。

动物检疫工作记录单（表）和动物检疫工作汇总表的保存期限、销毁程序与动物检疫合格证明的保存期限、销毁程序相同。

表6-1 屠宰检疫工作情况日记录表

动物卫生监督所（分所）名称：　　　　　屠宰厂（场）名称：　　　　　屠宰动物种类：

申报人	产地	入场数量（只）	入场监督查验		宰前检查			同步检疫		官方兽医姓名	备注
			临床情况	回收动物检疫合格证明编号	合格数（只）	不合格数（只）	合格数（只）	出具动物检疫合格证明编号	不合格并处理数（只）		
合计											

　　　　　　　　　　　　　　　　　　　　　　　　　检疫日期：　　年　　月　　日

注：1."申报人"：填写货主姓名。2."产地"：应注明被宰动物产地的省、市、县、乡及养殖场（小区）、交易市场或村名称。3."临床情况"：应填写"良好"或"异常"。4."官方兽医姓名"：应填写出具动物检疫合格证明或检疫处理通知单的官方兽医姓名。5.日记录表填写完成后需对各个项目进行汇总统计，录入合计栏。"入场数量""宰前检查合格数""宰前检查不合格数""同步检疫合格数""同步检疫不合格并处理数"录入合计数量，"产地""官方兽医姓名"录入不同的产地、官方兽医的个数，"回收动物检疫合格证明编号""出具动物检疫合格证明编号"录入回收"动物检疫合格证明"、出具"动物检疫合格证明"的总数。

表6-2 屠宰检疫无害化处理情况日汇总表

动物卫生监督所（分所）名称：　　　　　　　　屠宰厂（场）名称：

货主姓名	产地	检疫处理通知单编号	宰前检查		同步检疫		官方兽医姓名
			不合格数量（只）	无害化处理方式	不合格数量（只）	无害化处理方式	
合计							

检疫日期：　年　月　日

注：1."产地"：应注明被处理动物产地省、市、县、乡及养殖场（小区）、交易市场或村名称。2."无害化处理方式"：应填写焚烧、化制、高温、深埋等。3."官方兽医姓名"：应填写出具动物检疫合格证明或检疫处理通知单的官方兽医姓名。4.日汇总表填写完成后需对各个项目进行汇总统计，录入合计栏。"宰前检查不合格数量""同步检疫不合格数量"录入合计数量，"产地""官方兽医姓名"录入不同的产地、官方兽医的情况，"无害化处理方式"录入不同处理方式的数量，"检疫处理通知单编号"录入出具检疫处理通知单的总数。

表6-3 皮、毛、绒、骨、蹄、角检疫情况记录表

动物卫生监督所（分所）名称：　　　　　　　　　　　　单位：枚、张、千克

检疫日期	货主	申报单编号	产品种类	产品数量	检疫地点	检疫方式	出具动物检疫合格证明编号	出具检疫处理通知单编号	到达地点	运载工具牌号	官方兽医姓名	备注

注：1."到达地点"：应注明到达地的省、市、县、乡、村或交易市场、加工厂名称。2."官方兽医姓名"：应填写出具动物检疫合格证明或检疫处理通知单的官方兽医姓名。3."检疫方式"：填写消毒。

表6-4 同步检疫工作记录单（供参考）

屠宰检疫申报点名称：

时间	年 月 日 时 分	申报单编号	
动物种类	鸡、鸭、鹅等	日屠宰量	□＜1万只 □≥1万只
屠宰数量		抽检数量	
检疫内容	检疫情况	备注	实施人员（签字）
1.屠体检查	□正常 □异常	异常具体情况及数量等	
2.皮下、肌肉检查	□正常 □异常	异常具体情况及数量等	
3.鼻腔、口腔、喉头和气管、气囊检查	□正常 □异常	异常具体情况及数量等	
4.内脏检查（包括肺、肾、胃、肠、脾、心脏等）	□正常 □异常	异常具体情况及数量等	
5.法氏囊、体腔检查	□正常 □异常	异常具体情况及数量等	
6.复检	□正常 □异常	异常具体情况及数量等	
巡查监督情况	□正常 □异常	（抽检情况及数量；协检发现异常的确认情况）	
官方兽医（签字）			
检疫结果			
合格数量		不合格数量	

二、家禽屠宰企业建立的工作台账

1.记录内容 为了规范屠宰生产管理，做到产品可追溯，家禽屠宰企业应每天如实记录以下内容，记录保存期限不少于2年。

（1）屠宰家禽来源，包括数量、产地、货主等。

（2）家禽产品流向，包括数量、销售地点等。

（3）肉品品质检验情况，包括宰前检验和宰后检验。

（4）不合格家禽产品的处理情况。

2.记录表单

(1) 家禽入场查验和宰前检查记录表（表6-5） 按照每日入场家禽的时间顺序，以运载车辆为单位登记相关信息。入场查验应做好查证验物，查验动物检疫证明、运输车辆备案证明，记录每批家禽的来源、数量、动物检疫合格证明编号和供货者名称等内容，并询问了解家禽运输途中有关情况，经临车观察，未见异常，方可准予卸载。逐车进行群体检查，必要时进行个体检查。

应在宰前或宰后检验环节开展有毒有害非食品原料的筛查。对于筛查疑似阳性样品，应及时按国家标准检测方法进行确证，确证检测结果不合格的按规定进行无害化处理。

宰前检查应记录准宰数量和异常情况，死亡的、有全身性疾病等不合格的，应进行无害化处理。无害化处理方式包括焚烧、化制、高温、深埋等。

表6-5 家禽入场查验和宰前检查记录表（供参考）

表单编号：　　　　　　　　　　　　　　　　　　　　　　　年　　月　　日

序号	入场查验										宰前检查					人员签字
	入场时间	动物货主名称	车牌号	进场数量（只）	不合格数量（只）	产地（省、市、县）	动物检疫证明编号	是否为无纸证	检测报告		急宰数量（只）	物理致死数量（只）	病害动物处理数量（只）	无害化处理方式	准宰数量（只）	
									有/无	检测结果是否合格						
1																
2																
3																
4																
5																
6																

(2) 家禽屠宰和宰后检验记录（表6-6） 按照每日屠宰动物的时间顺序登记相关信息，以批次为单位。屠宰时间应具体到时，复验应对胴体进行全面检查，检查病变组织、污物是否修割干净，颜色、气味等异常的胴体，单独挑出，放入带有相

应处理标识的容器内。确认合格的，准予出厂；确认不合格的，进行无害化处理等。

表6-6　家禽屠宰和宰后检验记录（供参考）

表单编号：　　　　　　　　　　　　　　　　　　　　　　　　　　　　年　　月　　日

屠宰时间	产品批号	屠宰数量（只）	胴体检验							内脏检验			注水肉检验		复验人员签字
			不合格数						合格数量（只）	不合格数		合格数量（只）	疑似数量（只）	合格数量（只）	
			粪便污染数量（只）	胆汁污染数量（只）	体表病变数量（只）	体腔病变数量（只）	其他异常数量（只）			内脏/症状	病变内脏数量（只）				

（3）病害产品无害化处理记录表（表6-7）

表6-7　病害产品无害化处理记录表（供参考）

屠宰企业：（公章）　　　　　　　　　　　　　　　　　　　　　　　　年　　月　　日

日期	不合格产品名称	数量（kg）	处理原因	处理方式	兽医卫生检验人员签字	无害化处理人员签字	货主签字

填表人：　　　　　　　　　负责人：　　　　　　　　　　　监督人：

(4) 动物产品出厂记录表（表6-8） 按照每日销售动物产品的时间顺序登记相关信息，销售品类一般包括禽胴体、分割产品等，销售去向要具体到农贸市场、超市、企业、学校等具体名称。

表6-8 动物产品出厂记录表（供参考）

表单编号：

出场日期	货主姓名	货主联系方式	销售品类	数量（只/kg）	销售去向（市场或单位名称）	动物检疫合格证明编号	肉品品质检验合格证编号	登记人签字

(5) 车辆清洗消毒记录表（表6-9）

表6-9 车辆清洗消毒记录表（供参考）

年 月 日

| 日期 | 进场时间 | 车牌号 | 检疫证号 | 消毒液配制 | | 司机签字 | 消毒人员签字 | 备注 |
				配制时间	名称、浓度			

注：车辆消毒液每X小时更换1次。

3.记录档案要求 家禽屠宰企业应及时记录检验结果和不合格产品处理情况，记录内容应完整、真实，确保从家禽进厂到产品出厂的所有环节都可以有效追溯。检验记录保存期限不得少于2年。

第二节 家禽屠宰检验检疫证章、标识和标志

一、证章标志概述

（一）概念

动物检疫证章标志是承载畜禽屠宰检疫工作结果的载体，是动物卫生监督机构对经过检疫合格的动物及动物产品出具的检疫证明、加施的检疫标志等的统称。根据《动物防疫法》授权，《动物检疫管理办法》新增了"动物检疫证章标志管理"专章，其中规定了动物检疫证章标志包括：动物检疫证明、动物检疫印章、动物检疫标志，以及农业农村部规定的其他动物检疫证章标志。

肉品品质检验证章标志是承载肉品品质检验工作结果的载体，是畜禽屠宰加工企业对经检验合格的动物产品出具的检验证明、加施的检验标志等的统称。品质检验证章标志包括肉品品质检验合格证。

（二）意义

证章标志是动物及动物产品调运的法定凭证，是动物产品实现质量安全可追溯性的重要载体，由农业农村部统一监制，样式和使用等按照国务院农业农村主管部门的规定执行。加强证章标志管理是规范动物检疫、检验工作的重要手段，对建立完善畜禽产品质量安全追溯体系具有重要意义。

二、家禽检疫证章标志

（一）动物检疫证明

1.纸质动物检疫证明样式 经检疫合格的动物、动物产品，由官方兽医出具动物检疫合格证明。根据《农业部关于印发动物检疫合格证明等样式及填写应用规范的通知》（农医发〔2010〕44号）规定，动物检疫合格证明分为4类：

（1）动物检疫合格证明（动物A） 用于跨省境出售或者运输动物（图6-3）。

动 物 检 疫 合 格 证 明 (动物A)

中华人民共和国农业部制

№

货　　主		联 系 电 话	
动物种类		数量及单位	
起运地点	省　　　市(州)　　　县(市、区)　　乡(镇) 村(养殖场、交易市场)		
到达地点	省　　　市(州)　　　县(市、区)　　乡(镇) 村(养殖场、屠宰场、交易市场)		
用　　途	承运人		联系电话
运载方式	□公路　　□铁路　　□水路　　□航空	运载工具牌号	
运载工具消毒情况	装运前经＿＿＿＿＿＿＿＿＿＿＿＿＿＿＿＿＿消毒		

本批动物经检疫合格，应于 ＿＿＿＿ 日内到达有效。

官方兽医签字：＿＿＿＿＿＿＿＿＿＿＿

签发日期：　　年　　月　　日
（动物卫生监督所检疫专用章）

（第一联）（共二联）

牲畜耳标号	
动物卫生 监督检查 站签章	
备　　注	

注：1. 本证书一式两联，第一联动物卫生监督所留存，第二联随货同行。
　　2. 跨省调运输动物到达目的地后，货主或承运人应在 24h 内向输入地动物卫生监督所报告。
　　3. 动物卫生监督所联系电话：

图6-3　动物检疫合格证明（动物A）

（2）动物检疫合格证明（动物B）　用于省内出售或者运输动物（图6-4）。

（3）动物检疫合格证明（产品A）　用于跨省境出售或者运输动物产品（图6-5）。

（4）动物检疫合格证明（产品B）　用于省内出售或者运输动物产品（图6-6）。

图6-4 动物检疫合格证明（动物B）

图6-5 动物检疫合格证明（产品A）

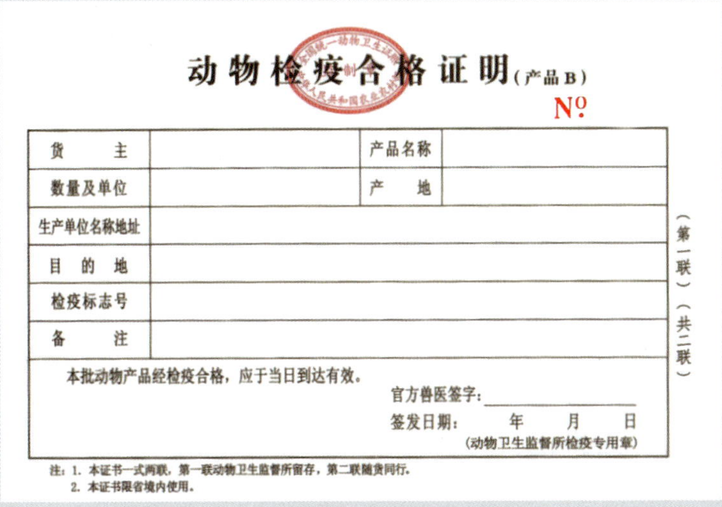

动物检疫合格证明（产品B）

№

货　　主		产品名称	
数量及单位		产　　地	
生产单位名称地址			
目　的　地			
检疫标志号			
备　　注			
本批动物产品经检疫合格，应于当日到达有效。 官方兽医签字：________ 签发日期：　年　月　日 （动物卫生监督所检疫专用章）			

（第一联）（共二联）

注：1. 本证书一式两联，第一联动物卫生监督所留存，第二联随货同行。
2. 本证书限省境内使用。

图6-6　动物检疫合格证明（产品B）

2.电子动物检疫证明样式　2020年，农业农村部开展无纸化出具动物检疫证明（B证）试点工作。2021年，《全国一体化政务服务平台　电子证照　动物检疫证明》对无纸化动物检疫证明的要求进行了具体规定，要求使用全国统一的二维码生成规则和无纸化电子动物检疫证明样式。包括：

（1）电子动物检疫证明（动物A）（图6-7）。

（2）电子动物检疫证明（动物B）（图6-8）。

（3）电子动物检疫证明（产品A）（图6-9）。

（4）电子动物检疫证明（产品B）（图6-10）。

根据《农业农村部办公厅关于加快推进无纸化出具动物检疫证明工作的通知》（农办牧〔2023〕21号）要求，自2024年1月1日起，在全国范围内推行无纸化出证（动物B证），各地原则上不再出具纸质动物B证。自2025年1月1日起，在全国范围内推行无纸化出证（动物A证），各地原则上不再出具纸质动物A证。按照《国务院关于加快推进政务服务标准化规范化便利化的指导意见》（国发〔2022〕5号）要求，2025年底前全面实施无纸化出证（包括4类动物检疫证明）。

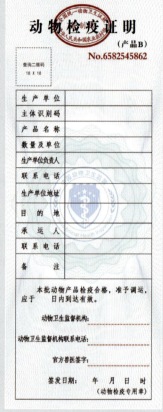

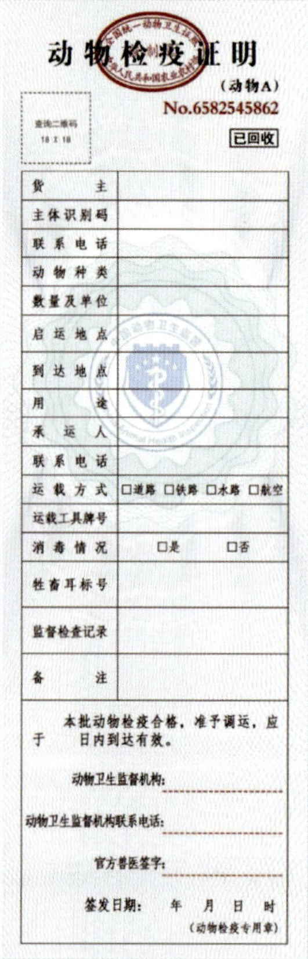
动物检疫证明
（动物A）
No.6582545862
查询二维码 18 X 18
已回收

货　　主	
主体识别码	
联系电话	
动物种类	
数量及单位	
启运地点	
到达地点	
用　　途	
承 运 人	
联系电话	
运载方式	□道路 □铁路 □水路 □航空
运载工具牌号	
消毒情况	□是 □否
牲畜耳标号	
监督检查记录	
备　　注	

本批动物检疫合格，准予调运，应于　日内到达有效。
动物卫生监督机构：
动物卫生监督机构联系电话：
官方兽医签字：
签发日期：　年　月　日　时
（动物检疫专用章）

图6-7　电子动物检疫证明（动物A）

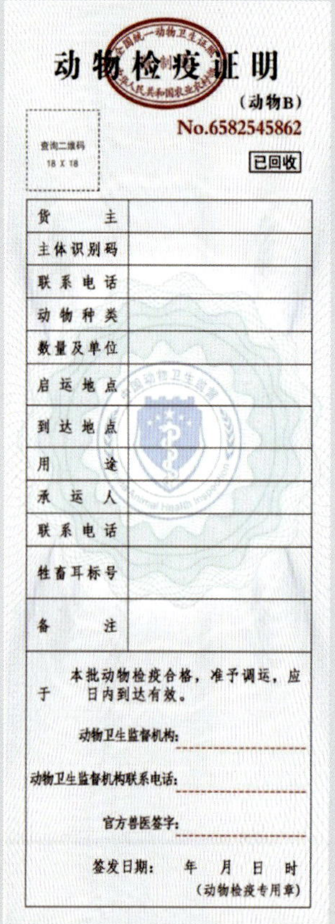
动物检疫证明
（动物B）
No.6582545862
查询二维码 18 X 18
已回收

货　　主	
主体识别码	
联系电话	
动物种类	
数量及单位	
启运地点	
到达地点	
用　　途	
承 运 人	
联系电话	
牲畜耳标号	
备　　注	

本批动物检疫合格，准予调运，应于　日内到达有效。
动物卫生监督机构：
动物卫生监督机构联系电话：
官方兽医签字：
签发日期：　年　月　日　时
（动物检疫专用章）

图6-8　电子动物检疫证明（动物B）

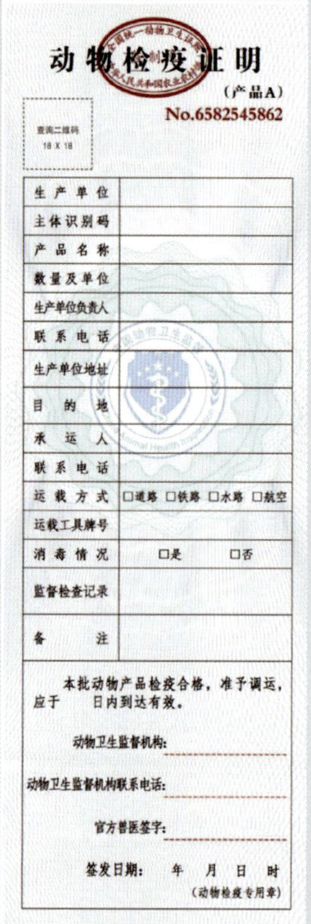
动物检疫证明
（产品A）
No.6582545862
查询二维码 18 X 18

生产单位	
主体识别码	
产品名称	
数量及单位	
生产单位负责人	
联系电话	
生产单位地址	
目 的 地	
承 运 人	
联系电话	
运载方式	□道路 □铁路 □水路 □航空
运载工具牌号	
消毒情况	□是 □否
监督检查记录	
备　　注	

本批动物产品检疫合格，准予调运，应于　日内到达有效。
动物卫生监督机构：
动物卫生监督机构联系电话：
官方兽医签字：
签发日期：　年　月　日　时
（动物检疫专用章）

图6-9　电子动物检疫证明（产品A）

动物检疫证明
（产品B）
No.6582545862
查询二维码 18 X 18

生产单位	
主体识别码	
产品名称	
数量及单位	
生产单位负责人	
联系电话	
生产单位地址	
目 的 地	
承 运 人	
联系电话	
备　　注	

本批动物产品检疫合格，准予调运，应于　日内到达有效。
动物卫生监督机构：
动物卫生监督机构联系电话：
官方兽医签字：
签发日期：　年　月　日　时
（动物检疫专用章）

图6-10　电子动物检疫证明（产品B）

（二）检疫专用章

动物检疫专用章形状为圆形，名称由省份名、地市名或县名，以及动物检疫专用章3部分组成，用于加盖动物检疫证明上（动物A、动物B、产品A、产品B）（图6-11）。

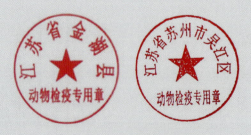

图6-11　动物检疫专用章

（三）检疫标志

家禽检疫标志主要为检疫粘贴标志，包括用在动物产品包装箱上的大标签（图6-12）和用在动物产品包装袋上的小标签（图6-13）。两种标签图案及防伪设计相同，仅大小不一。

图6-12　检疫粘贴标志（大标签）

图6-13　检疫粘贴标志（小标签）

2019年，在《农业农村部办公厅关于规范动物检疫验讫证章和相关标志样式等有关要求的通知》（农办牧〔2019〕28号）中启用新型检疫粘贴标志（图6-14）。新型标志增加了防水珠光膜，具有经冷冻不易脱落、不褪色等优点。正面与原标志相同，背面增加了图案设计，采用团花版纹防伪，团花周边有防伪微缩文字"中国农业农村部监制"；团花中间为各省份监督所公章；公章左右为黑体"检疫专用，仿冒必究"字样，公章下方印刷防伪荧光字样"××专用"（例如：山东专用），提高了防伪水平。同时规定了各省份可根据实际情况，选择加施新型标志或者继续加施原标志。

图6-14　新型动物产品检疫粘贴标志背面样式

三、家禽肉品品质检验证章标志

（一）肉品品质检验合格证

经肉品品质检验合格的禽肉产品，由屠宰企业兽医卫生检验人员出具肉品品质检验合格证。以下为部分省份肉品品质检验合格证样式（图6-15）。

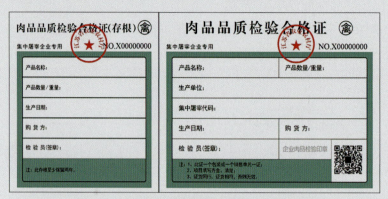

图6-15 禽肉品品质检验合格证样式（供参考）

（二）肉品品质检验合格标识标签

家禽体型较小，且多为包装、分割产品，胴体检验合格验讫印章在胴体上施盖困难。部分省份对禽肉品采用施加肉品品质检验合格塑料卡环式标识的方式，产品标识采用塑料材质制作，施挂产品上，塑料卡环的标牌处粘贴对人体无害的肉品品质检验合格标签不干胶贴。塑料卡环制作参考《农业农村部办公厅关于规范动物检疫验讫证章和相关标志样式等有关要求的通知》（农办牧〔2019〕28号）中塑料卡环式检疫验讫标志扎带、锁扣、标牌的参数制作，也可在家禽胴体脚环背面粘贴肉品品质检验合格标签不干胶贴。包装产品采用对人体无害的肉品品质检验合格标签不干胶贴，附着在家禽产品小包装包装物上。鼓励屠宰企业开展产品信息化管理，在标签上印有可信息追溯的二维码。

思考题：

1.家禽屠宰检疫应建立哪些工作记录？

2.家禽屠宰企业应记录哪些内容？保存期限多久？

3.动物检疫合格证明包括几类？用途分别是什么？

4.动物检疫证章标志包括哪些内容？

5.肉品品质检验证章标志包括哪些内容？

参考文献

陈怀涛, 2008. 兽医病理学原色图谱[M]. 北京: 中国农业出版社.

陈耀星, 等, 2013. 动物解剖学彩色图谱[M]. 北京: 中国农业出版社.

高胜普, 曲道峰, 2018. 鸭屠宰检验检疫图解手册[M]. 北京: 中国农业出版社.

刘志军, 李健, 等. 2017. 鹅解剖组织彩色图谱[M]. 北京: 化学工业出版社.

陆承平, 刘永杰, 2022. 兽医微生物学[M]. 6版. 北京: 中国农业出版社.

潘素敏, 解慧梅, 等, 2017. 动物解剖学与组织胚胎学[M]. 北京: 科学出版社.

吴晗, 李汝春, 2018. 鸡屠宰检验检疫图解手册[M]. 北京: 中国农业出版社.

熊本海, 恩和, 等, 2014. 家禽实体解剖学图谱[M]. 北京: 中国农业出版社.

尤华, 罗开键, 2018. 鹅屠宰检验检疫图解手册[M]. 北京: 中国农业出版社.

张步彩, 王涛, 等, 2017. 动物解剖彩色图谱[M]. 北京: 中国农业大学出版社.

图书在版编目（CIP）数据

全国家禽屠宰兽医卫生检验人员培训教材 / 中国动物疫病预防控制中心（农业农村部屠宰技术中心）编. — 北京：中国农业出版社，2025.8. — （畜禽屠宰行业兽医卫生检验人员培训系列教材）. — ISBN 978-7-109-33491-5

Ⅰ. TS251.4

中国国家版本馆CIP数据核字第2025TK8345号

中国农业出版社出版

地址：北京市朝阳区麦子店街18号楼
邮编：100125
责任编辑：刘 伟　文字编辑：耿韶磊
版式设计：王 晨　责任校对：张雯婷　责任印制：王 宏
印刷：北京通州皇家印刷厂
版次：2025年8月第1版
印次：2025年8月北京第1次印刷
发行：新华书店北京发行所
开本：787mm×1092mm 1/16
印张：13.5
字数：255千字
定价：120.00元